Chumakov A.N.

The Globalized World
From the Philosophical Point of View

Translated by Baichun Zhang

STANDARD PUBLICATIONS INC.
2018

Чумаков А.Н.

Глобальный мир с философской точки зрения

從哲學觀點看全球世界

丘馬科夫 著
張百春 譯

STANDARD PUBLICATIONS INC.
2018

Cover design: Dmitry Romanov, Desanka Dzodzo
Layout editor: Dmitry Romanov, Desanka Dzodzo
Production editor: Dmitry Romanov, Desanka Dzodzo
封面設計： 德·羅曼諾夫、 李雯
排版編輯： 德·羅曼諾夫、 李雯
產品編輯： 德·羅曼諾夫、 李雯

Copyright © 2018 by Prof. Bai Chun Zhang
Prof. Bai Chun Zhang
Beijing, China
版權所有者: 張百春教授
張百春教授
中國, 北京

All rights reserved. No part of this book may be reproduced, stored in a retrieval system or transmitted, in any form or by any means, electronic, mechanical, photocopying, recording, or otherwise, without prior written permission from the publisher.

The author, translator and publisher of this book make no warranty of any kind, express or implied. The author or publisher shall not be held liable in any event for incidental or consequential damages in connection with, or arising out of, the furnishing, performance, or use of this information.

版權所有、翻印必究。 未經出版商事先書面許可,不得以任何形式或任何方法（電子、機械、影印、錄製或其他方式）複製本書的任何部分,或將其存儲在檢索系統中或傳播。

本書的作者、譯者和出版商不作任何明示或暗示的保證。 在任何情況下,作者或出版者均不承擔因提供、執行或使用此信息而引起的偶然或間接損失的責任。

ISBN: 978-1-61742-003-0
  978-1-61742-004-7（e-book / 電子版）

作者簡介

丘馬科夫(А.Н. Чумаков,1950年生)，當今俄羅斯著名哲學家，1981年畢業於莫斯科大學哲學系，獲得學士學位，1984年在該系研究生畢業，獲得副博士學位，1991年獲得哲學博士學位，博士論文題目是《全球問題的社會哲學方面》，博士生導師是當時蘇聯哲學界著名哲學家、科學院院士弗洛羅夫（И.Т. Фролов）。丘馬科夫教授現任俄羅斯科學院哲學研究所研究員，莫斯科大學全球過程系教授，俄羅斯哲學協會第一副會長，《俄羅斯哲學協會通訊》主編，《全球化時代》（2008年開始出版）雜誌主編。主要研究方向：全球化問題的哲學，社會哲學，環境哲學等。

丘馬科夫教授是個出色的組織者，他參加了最近五屆世界哲學大會，並且每次都組織俄羅斯哲學界龐大隊伍參加。同時，他還是每兩、三年舉辦一次的全俄哲學大會的主要組織者。丘馬科夫教授多次來中國講學和參加會議。主要著作有《全球問題的哲學》（有中文譯本）《全球化：完整世界的輪廓》《全球化的形而上學：文化文明背景》等。他是2003年用俄文和英文同時出版的《全球學》百科辭典主編之一，國際跨學科百科全書《全球學》主編之一，此外他還主編和編寫過多部哲學教科書。

丘馬科夫教授是北京師範大學哲學學院國外學術顧問專家。

目錄

作者前言

    9

第一章 現代科學知識體系中的全球學

    13

第二章 世界秩序與全球管理問題

    46

第三章 當代世界對話的文化文明方面

    75

第四章 俄國哲學協會是公民社會的組成部分

    117

第五章 當代俄羅斯哲學與人的問題

    166

第六章 面臨全球化的哲學

    216

Глобальный мир с философской точки зрения

Предисловие

Глова 1. Глобалистика в системе современного научного знания

Глова 2. Мировой порядок и роблема глобального управления

Глова 3. Культурно-цивилизационый аспект диалога в современном мире

Глова 4. Российское философское общество как составная часть гражданского общества

Глова 5. Современная Российская философия и проблема человека

Глова 6. Философия перед глобализацией

作者前言

從20世紀下半葉開始,人類進入自己發展的原則上新的歷史階段。其主要特點是,世界共同體徹底走上了從社會經濟聯繫的分裂、分散和片段化向它們之間越來越緊密的相互依賴以及它們的全球化表現過渡的道路。在這條道路上的變化發生得如此迅速和劇烈,人們只能勉強對它們做出反應,並需要做出巨大努力,才能對所發生事情的實質在理論上進行反思和認識。

與此有關,吸引學者和公眾注意力的首先是全球化,因為它波及到所有國家和民族。人們在全球化裡通常看到的不僅僅是肯定方面,而且還有對民族利益的威脅,首先是在經濟、政治、文化、語言領域裡的利益。於是,全球化,以及世界發展的聯合過程遭到嚴厲批判,人們把與全球化有關的一切都看作是災難而拒不接受。於是出現一個合理的問題:這些情緒以及它們所引起的恐懼有多少依據呢?全球化對民族文化的影響真的只能是負面的嗎?全球化真的能夠威脅民族文化,使民族文化在社會生活各個領域裡發生災難性的平均化嗎？

在很大程度上，對這些問題的答案依賴於如何理解全球化的本質，如何評價全球化可能帶來的後果。一個原則上新的科學知識領域有助於對這一切進行研究，這就是全球學（глобалистика），哲學在其中佔有特殊位置。什麼是現代的全球學？它在當代知識體系裡發揮什麼樣的作用？為什麼只有哲學在全球學裡佔據核心地位？最後，在反思全球化和消除其消極後果方面，哲學能做什麼？比如，當代俄羅斯哲學為此做了什麼？本書將對這些問題以及當代很多其他現實問題給出自己的答案。

本書的內容是我於2012年春季在北京師範大學舉辦的系列講座，它們涉及全球世界和全球化的各個方面。我在其中首次向中國讀者如此詳細而全面地展示一個跨學科的新方向——全球學的形成。儘管全球學的"年齡"只有幾十年，但是，它已經在現代科學知識體系裡站穩了自己的位置。從本書的內容可以看出，全球學的主要任務是從各門科學的立場研究全球過程、全球化以及人類的全球性問題。同時，哲學在全球學裡被賦予了非常重要的作用。哲學使得我們可以把當代世界看作一個統一整體,人與社會在其中被當作是生物圈(биосфера)的組成部分,這個生物圈又與地球圈(геосфера)和宇宙有機地聯繫在一起。這樣,哲學為人們塑造了新的世界觀,展示他們在當今世界裡業已變化的位置,並引導他們改變自己的行為和對待周圍環境的態度。

本書對當代世界的不穩定狀態給予特別的關注,因為在當代世界裡發生的僅僅是自發調節,但卻沒有任何治理。同時,社會體系的調節與治理之間的原則差別在本書裡也得到了展示。世界共同體處在新的環境裡,各民族國家之間相互對抗,都在捍衛自己的主權和民族利益。在這樣的條件下,對世界共同體的全球治理是否可能?這個問題在書中也獲得了研究。此外,我們提出一個想法,即在當今的世界發展階段,只有文化文明的對話能夠保障全球人類的和平共存。這也是達到穩定發展和所有人幸福生活的主要條件。

瞭解當代俄羅斯哲學的一般情況,它對全球學的貢獻,其探索的主要方向和問題,這對中國讀者而言也是有意義的。在本書裡,我們通過俄羅斯哲學協會這一組織認識俄羅斯哲學的現狀。該協會有五千多位會員,是世界上最大的哲學組織。中國學界對俄羅斯哲學協會瞭解不多。在俄羅斯,在哲學生活組織方面積累了大量的經驗,這些經驗對其他國家也是有益的。

對當代世界的現實問題,以及從哲學立場對它們進行反思感興趣的廣大讀者,毫無疑問,他們可以在本書中找到值得參考的材料。

感謝張百春教授為本書出版所做的努力。在相識的十多年時間裡,我們始終保持密切而富有成效的聯繫。

丘馬科夫

А.Н.Чумаков

第一章 現代科學知識體系中的全球學

問題的歷史

"全球學（Глобалистика）"這個術語在科學發展歷史的現代階段才出現。它所表達的是這樣一些東西，它們與科學知識的整體化有關。"全球學"在英語裡是"Global Studies"。和在俄羅斯一樣，在西方，這個術語出現在20世紀最後的25年。

在俄羅斯的重要期刊中，哲學界最權威刊物《哲學問題》是最早反映全球問題的雜誌之一，這個問題曾經是該雜誌多次圓桌會議和諸多文章的主題。正是這本雜誌強調"集中和協調我國在全球問題和系統問題領域的所有研究的必要性"。在全球學形成的早期階段，《哲學問題》雜誌為自己提出的任務是："吸引廣大哲學共同體關注這個問題的研究，使該問題的討論提高到新的水準上。"[1]當時，《哲學問題》雜誌開闢一個專欄，題目是"現代全球問題：社會哲學與方法論方面"，有一批著名學者從不同角度對這一主題進行了分析，比如弗

---

1. Вопросы философии. 1980.2. C.28.

洛羅夫（И.Т. Фролов），卡皮察（П.Л. Капица），格維希阿尼（Д.М. Гвишиани，格拉西莫夫（И.И. Герасимов），恩格爾哈特（В.А.Энгельгардт），莫伊謝耶夫（Н.Н.Моисеев），紮格拉金（В.В. Загладин），烏爾拉尼斯（Б.Ц. Урланис），洛斯（В.А Лось）等等。後來，該雜誌始終關注全球問題，最近幾年的一些文章可以證明這一點，比如納紮列江（А.П. Назаретян）的《意義構造是現代全球問題：協同學觀點》（《哲學問題》2008年第5期）；布茲加林（А.В. Бузгалин）的《辯證法：全球轉型世界的非現實化》（《哲學問題》2009年第5期）；斯捷潘年茨（М.Т.Степанянц）的《全球世界的東方方案》（《哲學問題》2009年第7期）；卡列洛娃，丘格列夫（Л.Б.Карелова,С.В.Чугров）的《全球化：日本對社會文化過程的詮釋》（《哲學問題》2009年第7期）；熱列茲諾娃（Н.А.Железнова）的《全球化：印度對全球挑戰的回應》（《哲學問題》2009年第7期）；安德里耶夫（И.Л.Андреев）的《作為全球社會問題的淡水》（《哲學問題》2010年第12期）；《世界的統一與文化的多樣性》（烏克蘭和俄羅斯哲學家"圓桌會議"，《哲學問題》2011年第9期）；克維奇尼亞（М.Б. Квициния）的《全球化與民族成分》（《哲學問題》2011年第9期）；費多托娃（В.Г. Федотова）的《全球化背景下文化的統一性與多樣性》（《哲學問題》2011年第9期）。不過，一直到今天，還有一系列問題依然是分歧和嚴肅爭論的物件。比如，全球學在科學知識體系中的地位和位置問題，全球學研究的基本物件——全球化，以及與全球化相關的大量積極和消極的後果問題，等等。

新的科學方向的根源

在這裡，我們給出全球學的一個簡單的定義。**全球學是跨學科的科學研究領域，這些研究的目的是揭示全球化的本質，全球化出現的原因和發展趨勢，以及分析全球化所引起的積極和消極後果。**

作為獨立的科學研究方向和社會實踐領域，全球學從20世紀60年代開始形成。當時，各門學科都面臨一個任務，就是必須解決全球規模的，帶有綜合性質的問題。這些問題在"社會-自然界"體系中首次清晰地呈現出來，並獲得一個概括性的名稱："現代全球問題"。當時，世界科學共同體的注意力就集中在這些問題上。儘管"全球學"這個術語在那些年也出現在專業文獻裡，但沒有獲得廣泛傳播。只是在20世紀90年代下半葉，人們才開始嚴肅地談論這個術語的內容，這時，社會主義體制已經解體，地緣現實發生巨大變化，學者們的主要注意力轉向了全球化問題。

這時，在全球過程和現象領域裡已經積累了大量理論和實踐層面的材料，"全球化"、"全球學"、"全球問題"、"全球化世界"、"反全球主義"等術語不但在學術文獻中，而且在大眾媒體上都獲得了廣泛流傳，形成新的科學方向的必要條件已經形成，這個新方向就是**全球學**。然而，即使是在今天，這門學科也沒有獲得所有人的一致認可和接受。

全球學：評價與詮釋

這裡的問題在於，全球學自身及其關鍵概念的基本含義，在一般人的觀念層面上，似乎並沒有引起特別的困難。與此同時，在學術界，它們的內容有時候卻成了嚴肅探討的物件，都需要進一步精確化，因為不同學者經常賦予它們以不同的含義。比如說，一些人認為**全球學**是一門學科，另外一些人則認為它是一般的實踐領域，還有人認為它是跨學科（超學科）的科學知識領域，甚至有人完全不承認它存在的權利。

關於**全球化**，同樣也有很多分歧。全球化是全球學的核心問題，因為全球化不但是技術類型的社會發展的產物，而且它自身就與各種可能的大量後果有關。人們有時候把全球化看作是全球問題的**原因**，有時候相反，認為全球化是全球問題的**結果**。此外，一些人認為，全球化是客觀過程，而全球學的使命就是研究這個過程及其後果。另外一些人把全球化看作是某些國家、社會經濟機構或政治力量在國際舞臺上活動的結果。不過，我們想指出，在解釋全球學的概念自身和與之相關的概念時，出現這麼多的意見是很正常的，因為這裡涉及到正在積極地形成的新的科學知識領域。所以，這不是經院哲學式的概念遊戲，而是跨學科交往所需要的完全確定的統一語言的形成過程。

因此，有必要指出，"全球學"這個術語最先出現在圍繞來自全球問題的威脅而進行的積極討論和大量的出版物裡，只是在羅馬俱樂部於20世紀70

年代初發表第一批報告之後,人們才開始嚴肅地關注這些問題。當初,全球學是指這樣一個科學知識領域,它只與全球問題的研究相關,二十年之後,人們才開始談論"全球化"。現在,"全球化"在全球學研究中已經佔據了核心地位。這個情況是完全可以解釋的,因為某些原因導致的後果經常早於引起它們的原因而進入人們的視野。至於"反全球化主義(антиглобализм)"和"對立的全球化主義(альтерглобализм)",它們是更晚出現的術語,在20世紀和21世紀之交才進入全球學詞典。有必要把這一系列術語納入到一個體系裡,因為關於全球學的地位,它的範疇、原則和立場問題是個原則性的問題。否則的話,很難正確理解當代世界發展的趨勢以及在抵制全球威脅的事業上所取得的成績。

下面我們考察一些基本範疇及其相互關係。我們的主要觀點是:全球化是多個世紀裡發生的,長期而漫長的自然歷史過程;全球問題是這個過程合乎規律的結果;反全球主義是與全球化相關的抗議和運動;全球學是一個理論和實踐的領域,它關注的中心是全球化以及由全球化在社會生活各個領域的全球維度上所引起的全球問題以及各種可能後果。

全球化是全球學的基本問題

全球學最初產生於對全球問題的研究,主要是對全球化後果的分析。但是,起初,"全球化"這個術語還不存在。這一情況使一些現代研究者在下面的問題上陷入混亂,即全球化以及全球化的後果,到底哪個在先,哪個是根源。

因此,我們首先考察"全球化"這個術語。在通常情況下,這個術語用來描繪經濟、政治、文化領域裡全球規模的整合與分化過程,也用於描繪周圍環境的人學維度,這些維度就形式而言帶有普遍的特徵,就內容而言涉及到整個世界共同體的利益。與此同時,在解釋全球化現象自身以及全球化出現的歷史時,存在著兩個極端。第一個極端是,社會聯繫和關係的全球特徵被過分寬泛地解釋,有人甚至嘗試在原始社會裡尋找這種全球性的聯繫與關係。根據這個極端的觀點,人類發展的早期階段也被描繪成全球的,具有全球意義的。另外一個極端觀點是,過分狹窄地解釋全球化,通過社會生活的某個領域,通常是經濟領域,來分析社會發展的現代過程，僅僅把全球化完全看作是具體的經濟過程。在這種情況下，沒有考慮到現代全球化的多側面、多方面的特徵，同時把全球化自身與其根源和基本原因隔離開來，正是這些原因導致了全球化。換言之，這裡沒有考慮到國際機構與國際間聯繫形成的歷史與動態的過程。根據這個狹窄的極端立場，人們經常把全球化僅僅與20世紀的事件聯繫起來，有時候甚至只與最近幾十年聯繫在一起，全球化也不是進步和成長的，而是"波浪式的"，等等。而且，人們經常認為，全球化似乎是有意識策劃的和受控制的過程，是某些人有意識地實施的政策，甚至把全球化當作主觀實在來談，似乎是某種狡猾的，為了某些人、某些跨國組織或個別國家的利益而實施的意圖。

對待全球化的這些極端態度並沒有囊括圍繞這個問題而存在的所有觀點。圍繞全球化問題形成的觀點的多樣性不但因為這個問題自身的複雜性，而且還因為它沒有獲得充分的研究。這就導致一些消極的後果。比如，人們之間的相互理解變得困難，國際相互作用、相互聯繫被終止，對全球化以及由它所導致的全球矛盾的真正原因的思考遇到了各種障礙。誤解和不理解，以及很多衝突的原因也在這裡。一方面，在自己的個別部分和關係上，世界越來越走向統一、完整、相互作用。另一方面，能夠調節現代條件下全球層面社會關係的足夠有效的機制尚不存在。顯然，對全球化過程的本質，如果沒有深刻的分析和充分清楚的理解，那麼，很難指望成功地克服上述問題和困難。

因此，確立全球學地位的必要性今天已經成熟。全球學領域積累了豐富的材料，獲得了充分的發展，圍繞全球學已經形成各種學派、流派、團體，以及學者的創造集體和小組等等。研究物件的複雜特徵，以及在這種情況下必然出現的跨學科性，使得確立我們所感興趣的研究物件的清晰界限變得困難了，因為這些界限經常與其他認識領域混合在一起：未來學、文化學、哲學，等等。此外，在全球學領域獲得的理論知識，經常與採取具體決定的必要性聯繫在一起，這就導致所研究物件的界限不斷擴展。

全球學的客觀基礎

為了更好地理解所提出的問題，我們簡單回顧一下全球世界的形成以及對它進行反思的過程的歷史。

如前所述，全球學形成的第一階段就是在蘇聯和國外文獻中首先開始談論"現代全球問題"。就我們的主題而言，這個情況有原則意義，因為在今天關於全球學與全球問題的討論和在四十年前對它們開始進行系統研究的關聯是很弱的，有時候它們之間沒有任何關聯。其結果是，人們經常把全球學僅僅或者主要地看作是對全球過程的研究，在最好的情況下，把它看作是正在形成的學科，其歷史不超過15年，即把它存在的歷史局限於這樣一個時間段，在這個期間，全球化已經處在研究者們關注的中心。

但是，應該指出，儘管從1960年代末開始，學者們的注意力沒有放在全球化過程上，而是放在它們的後果上（即全球問題），但是，當時在科學裡已經越來越清楚地勾勒出跨學科研究的綜合領域，這些研究指向理論研究和在實踐上克服原則上新的危險，這些危險對全人類都是非常現實的。那時就清楚了，與多個世紀以來伴隨著科學知識的分化並列，出現了理論知識和實踐知識聯合的明顯趨勢與必要性。理論知識和實踐知識都指向研究一批新現象，它們的特點是規模龐大，構成完整的和相互作用的複雜體系，無論是在全球問題內部，還是在它們與經濟、社會和政治領域的聯繫方面，都表現出這些特點。

因此，全球學一開始就是作為一個原則上新的科學方向形成的。在這裡，聯合的過程是首要的，也是作為社會實踐領域形成的，這個領域涵蓋了國際政治、經濟、法制，甚至是意識形態。全球學的出現是對時代挑戰的獨特回應。就是在那個時候，最初是在工業發達的國家，然後是在其他國家裡，生態環境急劇惡化。這種惡化的環境是人與自然環境的關係越來越嚴重失衡的結果。不久人們就清楚了，生態問題與全球規模的其他矛盾密切相關。在開放的，史無前例的環境污染之後，最清楚地呈現出來的一個危險趨勢是地球人口數量不受控制的增長，還有可消耗自然資源的極限。此外就是軍備方面不受控制的競爭所導致的致命危險，這將嚴重威脅人類社會的進步發展，甚至威脅整個地球生命的存在。社會與自然界關係的失衡在當時已經達到了所能允許的極限。而且，人們對待全球問題的態度上的片段性和分裂狀態,不但對專家而言是非常清楚的,而且在大眾意識層面上也是明顯的。

新科學流派的理論前提

應該指出,完整世界的形成,世界中的一些變革趨勢,最早成為科學家和哲學家們關注的對象,他們比其他人對這些問題的關注要早一些。比如,可以把馬爾薩斯關於人口數量的自然調節的思想看作是反思已經出現的世界趨勢和它們所引起的原則上新的、全人類問題的最初嘗試,此外就是康得關於永恆世界的討論,或者比如,拉馬克(Ж. Ламарк)關於人在世界歷史發展過程中的重要作用的思考。毫無疑問,馬克思和恩格斯在《共產黨宣言》以及其他一系列著作裡所表達的普世觀點,也應該歸入到這個系列。在他們的倡議下成立於1864年的"第一共產國際"反映了在全球層面上聯合各政治和職業力量的必要性。"第一共產國際"實際上成了眾多國際組織的最初預言,從那時候起,國際組織在整個世界上廣泛而大量地出現。現在,這樣的組織是世界共同體現代生活的必要組成部分,它們在數量上增加了很多倍。

後來在理論層面上,當全球趨勢還沒有那麼明顯的時候,在對它們的認識方面發揮了重要作用的是施本格勒(О.Шпенглер)、列魯阿(Э.Леруа)、德日進(П.Тейяра де Шарден)、維爾納茨基(В.И.Вернадский)、奇熱夫斯基(А.Л.Чижевский)、齊奧爾科夫斯基(К.Э.Циолковский)、湯恩比(А.Тойнби)、雅斯貝爾斯(К.Ясперс)、羅素(Б.Рассел)等人的著作。首先,這些思想家們關注的是原則上新的趨勢,它們破壞了自然界和社會體系之間的自然平衡。他們根據當時所獲得的知識嘗試對它們作出解釋。這些思想家們的著作,以及他們對"地球人口數量","永恆世界","無產者的世界聯合","統一的神人類","智慧圈","世界政府","全球政治","世界主義","核災難"等問題的思考,為在哲學、科學和更廣泛的社會意識層面上關注全球問題做了準備。人們開始理解,整個人類擁有一個共同的命運,應該對全球未來擔負共同的責任,因為人類與其存在的自然條件密切地聯繫在一起,包括生物環境、地理環境等等。

比如,維爾納茨基發展了智慧圈(ноосфера)

的觀念,他在1930年代就得出結論:人的改造活動不受限制的規模將導致地球面貌的根本改變。他強調,如果社會不在理性原則的基礎上發展,即與自然界的自然規律一致,那麼地球上整個生命世界的毀滅是不可避免的。在他自己的《作為全球現象的科學思想》一文裡說道:"人首次實實在在地理解了,他是地球的居民,因此能夠,也應該在新的方面進行思考和行動,不但在個別人、家庭或族類、國家或它們的聯盟的層面上,而且也要在全球的層面上。"[2]雅斯貝爾斯也持類似觀點,他在1948年第一次使用了"全球的(глобальный)"這個術語,而且是在其現在人們所理解的那個意義上使用。他還表達了一種嚴重的關切,即早晚會有這樣的時候,人們將感覺到地球狹小,地球上的資源不夠用。雅斯貝爾斯清楚地理解了人類的這個前景,比如他說過:"我們的歷史性新的、初次具有決定性意義的處境是地球上人類的實際統一。借助於現代交通工具的技術可能性,我們的星球成為統一的整體,人可以充分接觸到的整體,它比當年的羅馬帝

---

2. Вернадский В.И. Философские мысли натуралиста. М., Наука, 1988, с. 35.

國還小。"[3]接著，他指出了第二次世界大戰真正的全球特徵。這裡引用的這句話就是在這次世界大戰後寫的。雅斯貝爾斯作出一個原則上非常重要的結論："世界作為一個統一整體的統一歷史從這個時刻開始了……。現在，作為一個整體的世界成為問題和任務……。所有實質性的問題都是世界性的問題，處境成了全人類的處境"。[4]閱讀這幾段文字，不能不認同下面的意見，儘管全球學是在相對而言不久之前形成的，但是，個別學者的著作在很早以前就為其奠定了基礎。

全球化過程在20世紀下半葉已經突顯出來，其發展速度急劇強化。與此相關的是各國家和各民族之間相互聯繫的加強。這一切都決定了對全球化過程問題進行思考的新水準、新層面。新的國際組織和機構的數量更多了，其中有很多這樣的機構和組織，它們的活動指向反思全球問題以及引起它們的原因。作為例子，可以指出1965年在維也納成立的"未來問題研究院"，也是在這個時候，在荷蘭成立的"2000年的人類"國際基金會，1966年在華

---

3. Ясперс К. Смысл и назначение истории. – М., 1994, с. 141.
4. Там же.

盛頓成立的"未來世界研究會",等等。類似的組織機構越來越多。但是,對全球問題的真正興趣是在羅馬俱樂部的第一批報告之後表現出來的。羅馬俱樂部是1968年成立的,它的一些標誌性研究成果包括《增長的極限》(1972),《處在十字路口的人類》(1974),《國際秩序重新考察》(1974),《消費時代的界限之外》(1976)等等。羅馬俱樂部的一些研究規劃很快獲得了世界知名度,成為現代全球學的理論基礎。它們不但在原則上新的跨學科知識領域的形成中發揮了啟發的和方法論的功能,而且還發揮了重要的啟蒙教育作用。

因此,可以說,作為科學研究的一個特殊領域和完整的世界觀念,全球學在主體上是在1980年代末形成的,後來由於對全球化過程的反思而獲得了發展,但這些過程在當時依然位於在這個領域裡工作的專家和學者們的視野之外。科學和社會思想從對後果的研究轉向對它們真正原因的分析,這個轉向的主要動力是由社會主義體制瓦解而引起的那些事件,它們決定了國際舞臺力量的配置。這個轉向只是在1990年代下半葉才發生,這時世界在主體上已經從劇烈變革中恢復元氣,開始反思新的處境。

正是在這個時候出現了對全球學的興趣的"第二波",全球學由於對全球化過程的積極反思而獲得了"重新振作"。

此外,還應該強調的一點是,對於在這一波(第二波)上加入全球學研究的很多現代研究者來說,以前所積累的東西在很大程度上位於自己的視野之外,首先是因為在兩"波"之間出現了幾乎十年的斷裂,這個斷裂伴隨著舊秩序和觀念的瓦解。舊的秩序和觀念現在經常被理解為過去的殘餘,不值得關注。結果就出現這樣一些著作,其作者在構造自己的觀念時,根本不顧及前人的成果。在他們看來,全球學似乎剛剛開始自己的歷史,在此之前沒有任何值得嚴肅關注的東西。然而,在這個領域,在"全球化"術語出現之前,已經形成關於世界經濟聯繫的非常清楚的觀念。世界經濟被看作是一個統一的體系,這個體系導致全球問題的出現。全球問題的本質和根源也獲得了一定程度的揭示。全球問題劃分的標準,對待它們的系統化的立場,都獲得了確定。自然界和社會過程的深刻相互聯繫,以及由此引發的矛盾,它們與社會、經濟、政治、意識形態、科學技術狀況的依賴關係等等,都獲得了揭示。

在全球學發展的最初二十年裡,其重要成就是制定和形成各門科學都接受的跨學科交流的語言,一些關鍵概念和範疇得以制定和精確化,比如"全球問題","生態危機","生產的生態化","人口爆炸","核冬天","全球依賴性","世界共同體","新思維","新人道主義",等等。於是,人們的世界觀發生了顯著變化。他們開始理解,人對自然界,對其周圍大地和宇宙環境的依賴,對世界舞臺上所形成的關係和力量配置的依賴,其程度遠超過以前的想像。下面的情況越來越清楚,即在全世界,人們社會生活的所有領域的相互依賴性必然增長,各國家之間的相互作用在擴大。在全球化條件下,國家在維護自己的民族利益和主權時,在國際關係中會引起原則上新的矛盾。與此同時,20世紀下半葉全球問題的出現及其尖銳化,並不是某種失誤,某人的錯誤或有意選擇的社會經濟發展戰略的結果。這也不是歷史的任性,或者自然界反常的後果。全球變化以及由它們引起的全人類問題是多個世紀裡發生的量和質的變化的結果,包括社會發展以及"社會-自然界"體系中所發生的變化。這些變化的原因和根源可以追溯到現代文明形成的歷史，現代文明引起了工業社會的廣泛危機。還可以追溯到在整體上是技術指向的文化的歷史。斯焦賓院士指出："生態危機，人學危機，越來越加速的異化過程，越來越新的大規模殺傷武器的發明，這些武器威脅著整個人類的滅亡，所有這一切都是技術發展的副產品。"[5]

社會發展的結果不僅僅是"人口爆炸"和經濟全球化，而且還有周圍環境的破壞，以及業已出現的人自身的退化趨勢。人的行為、觀念以及思維方式已經沒有能力及時地改變，以適應他周圍越來越快速地發生的那些變革。正如全球學領域最初的研究所表明的那樣，社會經濟過程加速發展的原因是人自己及其有目的的改造活動，這個活動因越來越新的科技成就而不斷獲得強化。其結果是，在地球上不但沒有了尚不清楚的地方，而且也沒有了純淨的領地、水域和空間，其自然狀態未曾遭到人類活動直接或間接影響的地方不復存在。所有這一切都為我們提供依據把我們的地球稱為"共同的家

---

5. Степин В.С. Философия и поиск новых ценностей цивилизации // Вестник РФО, 2005, № 4. С. 17.

園", "世界村落", 把對所有人而言是共同的那些過程和問題稱為是全球性的, 關於這一切的科學知識的領域就是全球學。

全球學：發展趨勢

全球學涵蓋社會生活各個領域, 直接關涉到人們的利益, 因此必然與政治學、意識形態、心理學、法學密切相連。在這個意義上, 討論全球學的各個方向和流派是合理的, 在全球學形成的最初階段上, 它們已經非常清楚地呈現出來。當時, 意識形態上對立的兩大社會經濟體制之間的衝突直接決定了全球學在兩個方向上展開, 一個是所謂的"西方全球學", 另外一個就是"蘇聯全球學"。在最近十年, 意識形態的對立讓位給了經濟、文化、宗教、民族等方面的紛爭, 它們構成世界分裂的基礎。整個世界分裂為一系列大的地區, 它們是國際關係的獨特主體。此外, 國家、民族的文化文明差別也被提到首要地位, 這些差別預先決定了對待理解現代世界過程的其他立場, 比如西方的、歐亞的、東方的、伊斯蘭教世界的立場等。當然, 任何分類都會有一定的相對性, 因此, 我們僅僅指出對現代全球學而言比較典型的一些立場和方向, 在這裡，為了更加直觀一些，我們區分出全球學國外的和俄國的組成部分。

在國外全球學裡，一開始就形成了兩個方向："技術主導的（技術樂觀主義的）（технократическое）"方向，在這裡，科學和技術對社會生活的積極影響明顯被誇大；"技術悲觀主義的"方向，它把全球化的消極後果的責任歸到科學技術進步，國際資本和跨國公司。後來，這兩個對立的立場發生了接近，同時，根據對世界市場發展前景的不同評價，它們都作了相應的調整，因此，這裡所指出的兩個全球學方向的劃分現在看來是相對的。

至於說俄國的全球學，那麼在蘇聯時期，全球學處在意識形態的強烈影響之下，在全球學裡溫和-樂觀主義的情緒是典型的。與此同時，在俄國全球學裡，從一開始就表現出以下幾個方向。

"哲學方法論的方向"，該方向研究全球過程的哲學基礎、本質、根源，分析最重要的社會政治和經濟方面的改革，這些改革對成功地解決全球問題以及協調在其基礎上發生的那些過程而言，都是必須的。

"社會自然的方向"，它涉獵很多問題，其中最著名的和最令人不安的是生態問題，資源的問題，比如能源、水、土地等資源。參與到這個方向的有自然科學、技術領域的學者，社會科學、政治學等領域的學者，還有生產領域的代表，以及社會活動家們。他們密切合作研究，努力制定使社會和自然界之間關係合理化的原則和方法，使生產生態化，合理利用自然資源。

"文化學的方向"，在這裡，核心的問題是在科學技術進步領域裡產生的全球化問題，這些問題主要出現在人口、健康、文化、法制、教育和其他社會生活領域。

最近，在俄羅斯，以及在國外，對全球化的政治、社會、法制、意識形態、文化和文明方面的關注明顯加強，從而實質性地擴展了全球學的界限，明顯地影響到它所解決的問題的特徵。物質生產領域和精神活動，生態和生活方式，文化和政治——所有這一切現在都位於全球學的範圍內了。考慮到這些因素，應該把全球學界定為**對全球化和全球問題的各個方面進行科學的、哲學的、文化學的研究和應用研究的總體，包括這些研究所獲得的成果，以及**

為了在經濟、社會和政治領域裡利用這些成果所進行的實踐活動，既包括在個別國家的層面上，也包括在國際規模上。

作為跨學科知識領域的全球學

為了避免不合法的類比和方法論上的混亂，需要強調一下，不應該把全球學理解為某個個別的或專門的學科，在當今科學裡，這樣的學科大量產生，而且通常都是科學知識分化的結果或者是在相鄰學科交叉點上產生的。全球學的產生是個與此對立的過程，是知識聯合的結果。對現代科學而言，這些聯合的過程是典型的。全球學屬於這樣的研究與認識的領域，在這裡，各門科學和哲學都是密切地相互聯繫著的，每門學科都有自己的物件、方法和角度，它們分析全球化各種可能的方面，提出解決全球問題的各類方案。它們一方面單獨地考察各類全球問題，但另一方面，也在總體上考察這些問題的相互聯繫，把它們看作一個完整系統。

因此，有些學者建議探討全球學的物件、方法、目的、概念體系等等問題。但是，這裡需要注意的是，針對全球學而言，對這些問題的答案不在某個具體科學裡。比如，全球學的物件不可能獲得一致的確定，儘管可以大致地，簡單地說，全球學的物件是完整的世界，整個人類或者整個生物圈及其基本因素——人。全球學的基本概念只有在一定的意義上（在哲學方法論層面上）才有可能是統一的，但在其他方面，整個概念體系是"模糊的"，與全球學相關的那些學科之間在基本概念的界限上是模糊的。如果說到全球學的方法或目的，那麼這裡除了確定某些基本的方法外，被迫羅列個別學科以及它們對相應問題研究的貢獻，而且還要揭示哲學、文化學、政治、意識形態等是如何在全球學裡發揮自己的作用，這樣的話，就無法解決對全球學進行具體界定的任務了。

全球學與具體科學之間還有一個重要的區別：對全球趨勢的思考，在原則上對這些趨勢所引起的問題的克服，不但要求理論研究，而且還要求與理論研究相應的富有成效的實踐行為。因此，全球學將在科學和實踐領域裡客觀地發揮世界觀的和聯合的作用，迫使大部分學者、政治家和社會活動家按照新的方式看待當今世界，嚴肅對待自己與人類統一命運的關聯。全球學迫使我們思考這樣一個問題，全球化以及由它所引起的問題沒有給人類留下另外的選擇，只有克服紛爭和分歧，走向人類的統一，當然要盡可能地保存個別民族和人民的文化獨立性，以及悠久傳統和基本價值的獨立性。這種聯合，行動上的一致的保證只能是對當代世界裡所發生過程和事件的正確理解，關於這些過程和事件的全部知識，就是在全球學裡制定和形成的關於這些過程和事件的正確知識。在全球學裡，最近的目的和遙遠的前景在緊密的關係裡獲得考察。

哲學及其在全球學中的作用和地位

關於來自全球問題的威脅的最初提醒和警告已經迫使人們把注意力轉向科學，迫使學者們思考解決這些問題的方法。但是，具體科學的範圍太窄了，不能在全球問題的背景上去考察個別問題，也就是它們研究的物件。因此，無論個別學科解決什麼樣的具體問題，對過程以及伴隨這些過程的那些現象的哲學觀點，即對整個處境在整體看法，包括最終所獲得的結論，總是必須的和必要的。卡薩文說："誰都沒有能夠像哲學家那麼早就滿懷興趣地關注複雜的、動態的和與人相關的客體，這些客體在不久前才被科學發現。除了哲學家外，沒有人明

確地追求普遍的綜合。"⁶

與此同時，任何個別科學在自己發展的一定階段上都需要對自己研究物件進行哲學反思。沒有對自己物件和人類所面臨問題的這種廣泛的、超越具體學科範圍的完整觀點（在這個完整觀點裡，還能夠反映其他知識領域的最新成果），就不可能有基礎性的發現，也不可能有一般意義上的科學發展。

因此，這裡說的一方面是對問題的哲學解決，另一方面是哲學刺激大批科學之間相互作用，在這個相互作用的過程中，它們的跨學科聯合將佔有非常重要的地位。

當然不能說哲學必然地和直接地影響著政治和其他決定的作出，儘管這個方面也是不能排除的。但是，**哲學的主要功能畢竟是形成世界觀，因此對採取實際決定的過程會產生間接的影響**。哲學的任務不在於直接考察全球學以及由它引起的全球問題的自然科學或技術科學的方面，而在於為其他科學所作出的相應決定提供世界觀、方法論、文化學和

---

6. Касавин И.Т. Философия познания и идея междисциплинарности // Эпистемология и философия науки. 2004, T. II, № 2. C. 14.

倫理學的基礎。

哲學研究要依靠具體科學在全球學領域所獲得的成果，但它擺脫細節和部分，首先把全球學當作客觀的歷史過程來考察，其中伴隨著各種利益的鬥爭，它還把全球問題當作這些過程的合理結果來考察。換言之，哲學立場要求在全球問題的統一、完整性和相互聯繫之中考察它們，要考慮到它們的社會意義和社會依賴性。這樣的研究首先要揭示全球問題的實質，因為對它們的真正本質和根源的確定，在很大程度上將決定在科學和實踐上進一步解決它們的道路。

概括地說，當今時代給關於存在、意識、生命意義等哲學上經常討論的這些永恆問題補充了原則上新的，以前從未存在過的主題，即人類統一命運和保護地球上的生命。

全球學的應用方面

人類最近的和遙遠的未來會是什麼樣，這在很大程度上依賴於對快速變化的現實所進行的理論反思，依賴於實際活動中所作出的正確評價和優先問題的選擇。因此可以說，**從現代全球學角度看**，**對**

世界共同體構成主要威脅的不是全球化本身，而是其消極後果，首先是它所引起的全球問題。就自己的基礎而言，全球化是個客觀過程。全球化有自己的優點和缺點，它們（比如科技進步）可以被用於善事，也可以用於損害人類。

全球問題則是另外一回事。最近，人們在一定程度上遺忘了這些問題，因為人們更多地圍繞全球化在進行討論和激烈爭論，沒有給予全球問題以應有的關注。但是，自從在羅馬俱樂部的報告裡，以及在整個西方和我國的全球學裡，在最高理論層面上對全球問題進行探討以來，它們的尖銳程度和所帶來的威脅絲毫沒有弱化。

這裡需要強調的是，人類總是遇到問題，過去如此，未來也會如此。但是，問題的實質和特點會隨著社會中所發生的數量和品質方面的改變而發生變化。換言之，隨著人類的"成長"，人類所遇到問題的特徵也在改變。比如在歷史初期，世界共同體是分裂的、片段式的，相應地，其問題也是局部的、部分的。在社會發展的後期階段，隨著社會積極性規模的擴大，又出現了地區性質的問題。現在，當人類成為全球的，它的問題就其本質而言也是全球的,這些問題使得社會矛盾體系更加複雜化,這些全球問題似乎凌駕於個別的、局部的和地方的問題之上。這就意味著已經無法一勞永逸地解決和克服它們。不可能徹底地解決全球問題,把它們從社會生活中消除,如某些研究者、政治家和社會活動家們現在依然還希望的那樣。

"**解決**全球問題","**消除**全球威脅"或者"**消除**危險疾病、技術災難、社會衝突的威脅",等等,不但是不現實的任務,而且原則上,這是在制定不正確的方針,方針本身又提供了對處境的相應看法,包含一定的行動綱領。最後,所有這一切不可能僅僅是無害的失誤,因為不會獲得肯定結果,而且還將帶來危險,即不合理地利用資源,浪費寶貴時間,對自己力量的失望和喪失信心。換言之,根據這個立場要解決的問題在該立場裡是不可能解決的。

消除全球化,或者返回到過去,這都是不可能的。不可能徹底和必然地解決全球問題:一旦出現,它們就會永遠存在,我們被迫永遠地去解決它們。應該在這一點上作出妥協,學會帶著這些問題生活。應該明確理解,弱化對全球過程和全球問題的注意力,不善於對全球威脅作出正確理解和積極反應,都會導致巨大不幸,甚至是災難。這是新的現實,是現代人類的新的質,因此最大限度地運用世界共同體的創造潛力和資源就顯得非常重要了,目的是要使得全球化首先成為對人們而言的善事,至於其必然的消極後果,我們要盡力使它們帶來最小的威脅,不至於動搖地球生命的存在基礎。

全球學的未來

解決這樣的任務必須要求對全球過程進行理論反思,這就是全球學的核心問題,至少在最近幾十年裡是如此。因此,可以假定,再過15-20年後,在"全球學"名稱下的一組科學研究領域將被徹底"建成",那時候人們就會有一種因為這個問題而導致的理智和情感上的疲勞。其結果是,全球學領域的研究者們的創造興趣將轉移到世界建構和探索建立真正新的世界秩序的實際步驟領域。這個結論是完全可能的,其依據是:全球學客觀地扮演了聯合的角色,迫使很多學者、政治家、社會活動家,甚至是整個人類居民重新看待當今世界,喚起他們意識到自己是整個世界的部分。這就是為什麼，從全球問題的認識向全球化過程的過渡，隨著時間的推移，就會被這樣一種首要的關注所取代，**即如何在整體上相互作用的世界裡建立新的國際秩序，以便世界最終能夠成為安全的和穩定的**。但是，任務的解決，甚至是對這個任務的正確提法，都是未來的事情。因為這個任務直接地與另外一個任務有關，那是更加困難的任務——人的問題，新的"全球世界種族"的形成問題。

因此，全球學的下一步發展早晚應該走向對人自身的本質和實質的反思，因為這將是人的所有問題和困境的主要原因。在哲學史上，關於這一點已經有很多討論，其實在所有偉大的人道主義者的著作裡都有討論，從古代到現代。別爾嘉耶夫指出："哲學家們經常返回到這樣一個意識，猜測人的秘密就意味著猜測存在的秘密。先認識自己，由此就可以認識世界。對世界的外部認識的所有嘗試，如果不深入到人的內部去，那麼它們都只能提供對事物的表面知識。如果從人走向外部，那麼永遠也無法達到事物含義，因為對這個含義的解答隱藏在人自身。" [7]

---

7. Бердяев Н.А. Смысл творчества. М., 1989. С. 293.

歷史上還有很多其他例子可以見證，至少從普羅塔格拉說出其著名的"人是萬物尺度"開始，不依賴于時間和文化，信仰等，人過去、現在和將來永遠都會扮演這個角色，最終，人將始終處在關注的中心，是出發點，甚至是操縱的對象。尤金（Б.Г.Юдин）指出："最近幾十年的科技進步為操縱人的生命原則提供了可能性，提供了把這個原則由自然存在變成預先組織的、重建的事件的可能性"。[8]

最終，應該到人的本質裡去尋找全球矛盾強化與尖銳化的根源和主要原因，因為"文化與社會快速改變，但是基因改變是很慢的：在整整一百年之內，人在基因上被決定的能力只有不到0.5%的部分會發生改變。因此，我們的大部分基因的歷史都源於石器時代，或者更早的時期。它們可以幫助我們在原始森林裡生存下來，但無法幫助我們在文明的密林裡生存下來。"[9]

---

8. Юдин Б.Г. Человек сегодня и завтра: между природой и конструкцией // В кн.: Человек. Наука. Цивилизация. К семидесятилетию академика В.С.Степина. – М, 2004. С.426.
9. Ласло Э. Макросдвиг. Манифесте Будапештского клуба.К устойчивости мира курсом перемен. – М., 2004, с. 199-200.

因此，克服上述矛盾的主要希望只能是人的理性，因為思維以及內在地與之聯繫在一起的人的創造力不是基因的性質，而是文化的特質，只有人才被賦予了這樣的特質。現在，人沒有另外的道路，只能大規模地建構、穩定地形成新的思維，另外一種生活方式，以及與之相適應的行為戰略和戰術，因為如學者和專家所說的那樣，在未來，進化將決定于智者生存，而非強者生存。正是這個情況為我們提供依據，把人的本質和實質當作主要問題，到21世紀中期的時候，它將成為全球學的首要問題，人類的基本問題與風險都與之相關。

第二章 世界秩序與全球治理問題

對作為統一整體的世界共同體的全球治理問題在越來越大的程度上表現出自己的尖銳性和現實性，在不遠的將來，這個情況就會使該問題成為世界學術界討論的核心話題之一。本章的出發點是對世界的完整理解，對"調節"與"治理"進行區分。然後分析社會變革中依賴於多側面全球化的現實問題，考察解決這個問題的各種因素，條件和原則上的可能性。

現時代主要矛盾的實質

無論是整體上的社會意識，還是個體意識，它們總是惰性的，這裡很少有例外的情況。它們大部分依靠的是陳規舊俗，只有當無法回避的時候，它們才開始對所發生變革作出反應，而且，甚至不是由於所發生事件的太明顯了，而是由於這個事件已經給人們帶來不便，甚至是由於來自所發生改變的嚴重威脅。

全球化也不是例外，它隨著地理大發現而展

開,並徹底地改變了此前片段式的,在區域規模上發展的世界,使之朝向形成統一整體的方向發展,這是在全球規模上的整體。我們現在依然能遇到圍繞全球化現象的本質所展開的大量爭論,以及圍繞這個現象的歷史規模,或者在全球變化領域裡主觀因素的作用等問題所形成的各種觀點。在20世紀中期之前,全球化過程以其所導致的全球問題和針對全世界共同體的原則上新的威脅聲明自己的存在,人們才開始關注全球化過程,否則的話,至少它們不會這麼快地引起人們的注意。

然而,問題並沒有就此而止。現在,這個問題的基本實質就在於,科學思想和社會思想在傳統上都習慣於通過個別部分來看整體。在情況已經發生變化的前提下,它們嘗試思考新的處境,但卻依然停留在以前的世界觀和方法論的立場上。所有這一切都讓我們想起三個盲人的寓言:他們摸大象,那個摸到象鼻子的人以為這是一條蛇,摸到腿的那個人認為這是一棵樹,摸到大象側身的那個人則認為在他面前是一堵牆,但是,誰都沒有明白,他們摸到的是大象。

類似的事情發生在現代全球世界裡,這個世

界由於多方面的全球化,就社會生活的全部指標判斷,到21世紀初,就實質而言,它已經封閉於自身,成為一個整體了。

中國學者從經濟發展的角度看當代世界,他們在《世界與中國現代化報告概要(2001-2010)》裡合理地指出:"世界經濟是個體系,如同世界的經濟現代化一樣。要想獲得有關世界經濟現代化的趨勢和運行進程的真實圖景,必須在整體上對其作出評價"。[10]

與此同時,對世界整體性的理解並沒有成為普遍接受的。不但在社會意識裡,而且在科學界,經常缺乏這樣一種理解,即關於我們生活於其中的,如此改變了的世界,還有內在地與之相關的全球化,以及全球化的各種可能後果,只有借助於世界共同體的統一性和完整性才能獲得正確的理解。

儘管對全人類的主要威脅(核戰爭的危險,生態和人口問題等現代全球問題)在1950-1975年就成為關注的中心,作為這些威脅的基本原因的全球化在上世紀末就佔據首要位置,但是,當今時代的

---

10. Обзорный доклад о модернизации в мире и Китае (2001-2010). – М., «Весь мир», 2011. С.129.

主要矛盾,特別是現在,在本世紀第二個十年的開端,依然沒有被理解。這個矛盾的實質在於,**在全球化過程的影響下,世界共同體實際上就社會生活的全部指標來看,越來越成為統一的完整體系,但是,與這個完整性相適應的治理體制卻不存在。**

現代世界的特徵

在這個處境之下,最令人不安的不是這種治理今天在原則上不存在,而是它根本就沒有形成的跡象。此外,甚至就這個問題而發生的理論爭論在今天也是個例外,而沒有成為普遍關注的對象,這些爭論也的確不值得關注,儘管對所形成的這個處境的擔憂在加強。而且,與調節不同,一般的治理,尤其是全球治理,不能自發地產生。關於這個一點我們下面再談,現在應該指出,為什麼會這樣。

第一,這裡涉及的是原則上新的,前所未有的處境,因為這裡談的是治理極端複雜的和規模龐大的社會體系,人在其整個歷史上從未遇到過這樣的體系。此外,由於人類積累的經驗和經過檢驗的解決綜合問題的那些立場都不適用了,但是新立場還沒有制定出來,因此,情況就更加惡化了。

第二，在世界共同體裡，各國家和各民族之間的相互依賴性越來越大，但是，世界共同體始終是片段式的，分裂為獨立的、自我決定的機構，它們按自己的法律行事，首先保衛自己的利益和好處。這些機構包括民族國家，跨國公司，宗教體系，比如基督教、伊斯蘭教、佛教等。

第三，全球化自身以及由它所引起的大量後果繼續成為嚴肅討論的對象，但在這些討論中經常忘掉主要的東西，即全球化首先是客觀的歷史過程，而不是某個人設計實施的方案或某些人狡黠的規劃和意圖。

強調這一點非常重要，因為如果在思考全球化過程及其後果時，從主觀因素出發，首先關注全球化對誰有好處，誰在其中如何行動，如何表現，等等，這樣的話，就要尋找全球化的罪人，談論全球化是按照誰的方案展開的，等等。這裡顯然出現一種混亂，就是不善於區分社會發展的客觀的、自然的事件進程與人們主觀的活動。這種主觀活動當然是社會發展的基礎，但是，在沒有合適的機構和機制的情況下，主觀活動自身無法承擔治理複雜體系的任務。在全球規模上，情況就是如此，不存在符合完整的全球世界的治理機構和機制。所以我認為，嘗試尋找罪人，為全球化負責的人，這種立場就其實質而言不是建設性的。此外，這種立場還會產生一些幻想，似乎揭露那些對全球化特別感興趣的人的陰險意圖，我們就能夠改變事件的進程。然而，這一切只能把事情搞亂，偏離解決實際問題的航線。

當把全球化主要理解為客觀歷史過程（筆者就堅持這個觀點）時，那麼如何處理與之相關的可能後果，包括治理社會體系的任務，就應該首先在世界共同體結構改變的領域裡尋找答案。

調節與治理是達到目的的方法

這個立場的出發點是：複雜系統，比如生物系統，以及整個生物圈（人是其中的一部分）在自己的發展中靠自然方式調節，服從自然規律的作用。在這種情況下，我們可以談論複雜系統的自我調節。社會體系對此有所補充，它們還需要治理，因為在社會系統的發展中，積極的原則發揮重要作用，比如人，他在自己的可能範圍內有意識地影響發展過程中的各種因素。很明顯，在全球規模上形成的社會體系也應該以適當的方式，不但自我調節，而且也要被治理。對此必須給予特別的關注，因為在調節與治理之間作出區分具有原則上的重要性，它們不是一碼事。

調節（拉丁語是regulo：調整、整理秩序）應該理解為自發的過程或者是有意的行為，這些行為指向保證某系統能夠在通過自然或人工的途徑制定的參數範圍內運行。

借助於調節（自我調節）可以解決系統優化運行的任務，可以製造最為有利的條件，使得該系統各組成部分相互作用。調節的目的是使整體的各部分之間協調一致，這種調節可能是自發地發生的（這裡涉及的是自我調節系統），也可以是有意識地發生的（協調者的角色由人來扮演）。系統的自然（自發）調節的例子：某個種群因食物來源的影響而在一定範圍內的數量變化，或者植物生長與外部環境的變化關係等等。生物圈在整體上也是自我調節系統，其協調發展是由自然規律控制的，比如生存競爭的規律。調節可以是自動實現的，比如借助于信號燈調節道路交通。當協調借助於主觀因素的參與而實現時，它才能成為有目的的，這時主觀因素將為某系統的運作提供一定的秩序。比如，十字路口的汽車流量協調員，或者校正發動機工作的專家，水庫裡水的流量或者安裝調試電視天線等。

與調節不同，治理不能靠自然方式發生，不能自發地出現。治理總是要求主觀因素的存在，其特點是主體與客體之間關係更為複雜的結構關係。治理與"管理"、"法制"等概念有密切關係。治理是有意識實現的過程或行為，其目的是獲得一定結果。治理活動的基礎是行為的事先規定的秩序，這個秩序與主體的創造積極性結合在一起，主體採取決定時，不但依據事先規定的規範和規則，而且還依賴於情境的變化。

因此，與協調不同，治理總是與人們有意識的活動相關，這種活動的基礎是目的性，回饋聯繫，創造的原則。換言之，治理完全是有目的、有意識地實現的，既要求獲得一定結果，又要求尋找達到目的的最優化途徑。因此，一般意義上的治理，包括全球治理，不能自發地產生，或者只是借助於事件的自然進程，以自然的方式而產生。只有在社會裡才能有治理，治理是按照一定的方案發生的，服從一定的邏輯，這個邏輯為治理規定具體的參數。

與協調不同，在這裡，總是有治理的主體，該主體提出一些目的，並借助于積極的行為和相應決定來保證達到這些目的。

因此，治理是協調的更高類型，如同發展是運動的更高形式一樣。沒有運動就不能有發展，但沒有發展的運動隨處可見，同樣，治理必須有協調，但協調可以在沒有治理的情況下發生和實現。

在歷史的背景下從調節向治理的過渡

注意到上述差別，我們可以在這個背景下談論社會關係形成的歷史動態進程，這些關係的自然調節隨著時間的推移獲得了治理的補充。比如在原始人類那裡，在野蠻時代，以及在更大程度上，在荒蠻時代，關係的協調是存在的，這種協調的基礎首先是力量和強者的生存。在完整的意義上，社會關係的治理是後來出現的，其出現的原因是向定居生活方式的過渡，勞動的分工，國家的產生和運行，最後是初級文明的形成。這樣的治理在其基礎上已經包含了對確定利益的實現，包含了社會規定的目的性。當然，這種治理不能取代以自然的方式發生的調節，而是補充之，使社會發展成為可以預測的，更少衝突的。所有社會體系都是這樣發展的，到目前為止，民族國家是規模最大的，組織得最好的社會治理體系。

從20世紀中期開始，情況發生了原則上的改變，全人類由於全球化過程而成為完整的系統。人類現在越來越以統一的完整機體的身份出現了，無論就社會生活的基本指標（經濟的、政治的和資訊的，等等），還是就其與周圍環境的相互作用而言（開發世界海洋、宇宙，等等），都是如此。同時，儘管由於現代全球關係的形成，國際事務中以前的那種混亂逐漸獲得一定秩序，但是，不能說這個秩序是令人滿意的，因為人類還面臨現代的挑戰。波蘭著名學者卡姆謝拉（T. Камуселла）已經注意到這一點：最近兩個世紀裡出現了大量的，在一定程度上是沒有爭議的原則，它們協調民族國家的形成以及它們的行為，將其控制在全球國家體系的範圍內。這個體系波及到地球的全部領土。甚至人煙稀少的南極大致上也被幾個民族國家給劃分了。聯合國海權法公約（1982）讓每個近海的民族國家對12海裡以內近海區域裡實現其充分主權，在200海裡以內的獨立經濟區裡實現其有限許可權。不屬於任何人的海洋區域利用問題，由相應的國際組織來協調。

從這個觀點出發，完全清楚，人類已經走近這樣一個邊界，超過這個邊界之後，不可能再有僅僅靠自發途徑對社會關係進行的調節了。現在，調節需要獲得治理的補充：有意識地和有目的地制定的對整個系統的治理，因為沒有有效的全球治理，全球關係的世界註定要遭遇嚴重考驗的。

在當今的情況下，世界類似於剛剛下水的一條大船，操縱盤和船帆管理體系還沒有安裝好，大風已經把它從寧靜的港灣吹到了開放的海洋。而且，船員們因瑣碎的小事在爭吵，沒有人努力去嘗試駕馭船隻，因此，整個船員隊伍就成了狀況和自然界自發力量的人質了。同樣，世界共同體已經進入全球化相互依賴的時代，應該意識到現代世界有失控的危險，並開始協調一致的和有目的的行動。否則的話，不會有任何好結果。沒有有效的治理，世界共同體將陷入到不斷強化的衝突和矛盾的泥潭裡。

可以舉出另外一個例子，與全球世界的現狀進行對比。有一個歷史階段，霍布斯形象地稱之為"所有人反對所有人的戰爭"。眾所周知，是國家的出現解決了當時的問題。國家是"人為的機體"，它有助於保證局部與地區條件下的和平與秩序。霍布斯將國家與利維坦相比，後者是聖經上的一個龐然大物，擁有難以置信的力量。

現在的情況難道不是這樣嗎？世界共同體是否已經走向了"所有人反對所有人的戰爭"呢？差別只在於，當今的對抗已經是在全球規模上發生，而且，這裡的對抗實際上是沒有規則的，不是由個別人導致的，如以前那樣，而是由主權的民族國家導致的，還有各種可能的國際組織和機構的參與。全球政府的支持者瑪律丁（Г. Мартин）曾經指出過，如果主權意味著內部事務上的絕對自治，外部事務上的絕對獨立，那麼，由190多個領土單元（территориальные единицы是個現代術語）構成的系統必然會成為永恆戰爭或戰爭威脅的系統，因為每個單元都要保衛自己的經濟、政治和軍事利己主義的利益。這個說法獲得了事實的驗證：1945年聯合國出現之後，發生了大約150場各種規模的戰爭，儘管當初成立聯合國首先就是為了預防戰爭衝突。而且還有多少場戰爭已經被預防了，包括在聯合國的作用下。

由此只能獲得一個結論，相對于全球治理，現代人類沒有另外的選擇。應該建立全球治理，而且，應該盡可能快地建立。問題不在於，這個治理是某種世界國家的類似物，或者將出現一些位於國家之上的管理世界共同體的機構。在這裡，只有一個世界政府當然是不夠的，很多人都在談論這樣的世界政府。我們不要忘記：沒有其他分支機構和權利建制的配合，那麼，執行權力機構（就是政府）是不可能有所作為的。我們下面還會返回到這個問題上來。現在只強調一點，要解決這個問題，必須回答一系列原則問題：

——全球治理在原則上如何可能，這種治理的邏輯如何？

——全球治理應該解決哪些基本任務？

——當今世界已經擁有了哪些前提條件可以用於形成全球治理？

——目前存在的哪些國際組織和機構符合，或者經過一定改革後能夠符合全球治理的本質和原則？

——建立全球治理道路上有哪些障礙？

——為了達到所提出的全球治理的目的,需要哪些原則上的決定,在什麼層面上應該採取最初的和以後的一些步驟?

——誰能夠和應該承擔起形成全球治理的責任?

——最後,為了這一切,誰應該付出什麼樣的代價?

全球治理如何可能

為了回答上述問題,首先應該弄清楚其中最主要的問題,即原則上說,全球治理是否可能,如果可能,那麼如何可能?

歷史讓我們對未來持一定的樂觀主義。從近代起,當全人類規模社會生活世界建制的最初觀念出現以來,直到今天,這個任務已經成為急需的和首要的了,人類在這個領域裡無疑積累了一定的成就,包括理論的和實踐的。比如,下面一些思想家為人類統一和世界(全球)治理的理論基礎和世界觀基礎的制定作出了自己的重要貢獻:洛克、康得、索洛維約夫、別爾嘉耶夫、德日進、維爾納茨基、雅斯貝爾斯、藤尼斯(Ф.Tëннис)、凡勃倫

（T. Веблен）、羅素、愛因斯坦、埃利亞斯（H. Элиас）、薩哈羅夫、等等。

在對該知識領域裡的創造遺產進行最大限度的概括之後，可以說，關於人類共同命運，關於全球治理、世界政府等問題的所有討論、理論、觀念通常都遵循同一個目的：找到通向各民族和平共存並保護其文化身份的途徑和方法。比如，康得在1795年就討論過合理的社會治理的可能性和原則，在其著名的《永久和平》的最後，他寫道：隨著和平條約的簽訂而出現的永久和平不是空洞的觀念，而是一個任務，它將逐漸地獲得實現（獲得成就所必須的時間會越來越短），而且業已接近實現了。

康得這句話的正確性得到了驗證，因為人們對該問題的興趣不斷增長，最近幾十年出現了大量的社會組織，它們的名稱自身就能夠說明問題：世界憲法和議會聯合會，世界聯邦主義者協會，世界聯邦運動，世界主義運動，世界聯盟，世界公民運動，等等。

如果看看問題的實踐方面，那麼不難發現，在幾個世紀的歷史上，世界共同體積累了治理大型社會體系的許多經驗，比如管理國家、帝國、王國、聯邦、聯盟、集團等等。正如許多世紀的實踐所表明的那樣，最流行的和最具活力的社會生活組織形式畢竟還是國家。

此外，道德和法制是主要治理手段，借助於它們可以實現對社會意識和人們行為的最大作用。還應該把意識形態、政治、經濟、財政、文化等因素突出出來，因為借助於它們直接或間接地也在實現著對社會體系的治理。但是，在這些因素中間，道德和法制無疑是占主導地位的，因為它們滲透到所有其他社會生活領域，使這些領域得以聯合。社會生活的所有領域在一定程度上都服從道德、法規和法律的作用。

目前，隨著多方面全球化的展開，整個世界共同體都集中於一個統一的全球系統，對這個超級系統的治理就成為時代的要求。全球治理的形成也應該考慮到人類在這個領域裡積累的全部經驗。這樣的話就非常明顯了，全球治理的基礎應該是歷史上獲得證明的權力劃分原則：立法權、執行權和審判權。

在這個背景下，我們可以，也應該不僅僅談論世界政府　（執行機構），如通常所做的那樣，而且還可以談世界議會 （立法機構）和全球法制體系（審判機構），後者的基礎就是全球法。但是，為了使得這些機構能夠出現，在整體上形成全球層面的有效治理系統，應該創造相應的條件，主要包括對所有人而言都重要的道德基礎，即在全球規模上必須形成全人類價值和全人類道德，它們不會取消，而是補充和發展各民族的道德和價值。應該說，世界人權公約可以也應該成為這種道德形成的出發點，因為它可以保證所有人在其生命、自由和責任等權利上的平等。

全球治理的另外一個必要條件是：統一的法制領域和體制，這個體制將保證在全球規模上通過和實行對所有國家和民族都是統一的法律規範。需要指出的是，這裡說的不是國際法。在國際和地區層面上，國際法運行的已經不錯了。我們在這裡指的是全球法，它確實將是普遍的。這樣的法根本不要求取締個別國家的法制體系或地區機構的法制體系，以及國際法的法規和體制。這裡重要的只有一點，就是讓所有這些法律和體制符合更高秩序上的法律規範，即全球法，不與全球法發生矛盾。

全球治理還要求保障共同安全，聯合努力通過各種類型的合作維持全球安全。這裡指的首先是經濟合作,它在當今世界已經獲得了實質性的進展,比如跨國公司、合作組織等等。今天的世界貿易也把全球所有民族都吸引到了統一全球的勞動、商品、服務的市場中來。

全球治理的下一個必要條件是全球規模上的政治合作。它的使命是保證對衝突情況的調節,在解決爭端問題時,通過妥協的途徑進行世界合作,考慮各方的最大利益。與經濟合作不同,在全球規模上的政治合作還有待建立,因為在這個領域裡,目前的關係依然建立在民族國家和公司利益的絕對優先地位的基礎上。

軍事合作在今天是在地區層面上實現的,所執行的任務是個別國家和民族的防禦,即保衛它們不受外部威脅。這種軍事合作應該讓位于員警的力量,只有員警力量才能保證秩序,保衛人們不受刑事犯罪的侵害。

為了全球治理,需要建立全球規模上的協調財政政策。正如最近這次世界經濟危機所表明的那樣,全球規模上的協調財政政策是全球治理的必要條件。顯然,沒有統一的貨幣單位,將難以實現協調的財政政策,幾乎不可能實現。

宗教寬容,教會(宗教建制)與全球治理機構(組織)的分離,這些因素是人們之間和平共存和建設性相互作用的最重要條件,無論他們的宗教信念如何,或者缺乏宗教信念。

科技合作,在教育和醫療領域裡的合作,它們可以為全球各大陸和地區平衡的文化和社會發展創造條件。

共同的(世界的)國際交流語言是必須的,它可以支援社會生活各領域的交往和文化相互作用。在一定範圍內,語言可以與文化比較。和文化一樣,語言是象徵意義系統,這些象徵意義將服務于其成員的一般需求。

我們在這裡當然沒有指出建立全球治理所需要的全部條件。但是,這裡指出的是最重要的條件,沒有它們,其他條件都是無意義的。

全球治理的主要任務與條件

現在我們探討全球治理應該解決哪些基本任務。首先,它的使命就是通過並實施在世界規模上協調的決定,它們可以對社會生活主要領域裡的社會關係進行有目的的和有效的協調。具體而言,就是保障穩定和平衡的世界社會經濟發展,財政方面的協調,解決醫療、教育、生態和自然資源利用等問題,還有與國際犯罪進行鬥爭,預防軍事衝突,等等。

那麼,今天是否擁有形成全球治理的前提呢?我們可以確定地說,答案是肯定的。首先,這涉及到社會意識領域,在多層面的全球化影響下,社會意識越來越成為全人類的、全球的。

就實質而言,我們現在遇到的是對待世界的這樣一種觀點,它在古希臘形成,那時它就被稱為"世界主義的"。但是,在過去和現在之間,在這個問題上有著巨大的差別。從古代起,從犬儒學派開始,他們是第一批宣稱自己為世界公民的人,直到20世紀中期,世界主義的觀點只是為數不多的,在大規模層面上思考的人們的事情,在絕對多數居民那裡,這些人遭到的是嘲諷,這還是好的。然而,對世界的全球觀點以及隸屬於全人類的感覺,現在已經獲得了越來越廣泛的傳播。

在這裡,需要指出的是,完全不應該把對待世界的全球觀點與人們的局部觀念，以及局部的思維方式對立起來。日本哲學家山脅直司曾指出過這一點，他說：應該把全球的和地方的觀念看作是相互聯繫的，應該把它們的獨特性和普遍性看作是相互不能分離的……。世界主義者把自己看作是地球的居民，即宇宙的居民，整個人類就在這裡生活。但是，同時應該指出，人們之間有著文化-歷史上的差別和獨特性，它們使得每個人都是多方面的。因此擁有世界主義觀點的人應該努力理解生活在其他文化裡的其他人。

因此，我們完全可以談全球規模上的全球意識的形成，其基礎是對所有人都是共同的價值和行為規範，以及被其他人承認的各類人的民族和文化的獨特性。比如在國際機場，在飛機上，在火車站，在車廂裡，在超市里，或者在體育比賽中，在世界療養地，國際展覽，聯歡節，國際會議上，等等，無論人們的地位和居住地如何，民族和教派的，或者是種族的屬性如何，他們在原則上都保持同樣的舉止行為，服從共同的倫理和行為邏輯。善惡、公正和不公正的問題，以及"好"與"壞"的問題，最後還有合乎禮節和不合乎禮節，等等，在這裡，都不會引起特別的爭論。在這些情況下，一般的幸福、安全和對人的尊嚴的尊重，都被所有人看作是無爭議的價值，因為它們是非常明顯的東西。[11]

上述的一切都是建立全球治理體系的必要條件，但根本不是充分條件。至於其他業已形成的，實現全球治理所必須的前提，應該指出的是在全球規模上很好地發展起來的交通網絡，它使得人們可以在全球規模上移動，在短時間內不但政治高層和商業人士，而且大部分積極的居民都可以自由移動。此外，還有統一的資訊空間，這是在現代通信技術的基礎上形成的空間，宇宙聯繫體系和檢測體系，現代化大眾資訊手段，這一切讓地球上每個居民在實際的時間裡虛擬地出現在地球上的任何一個點。這一切都使得下面的情況變得可能：在實際時間中，不依賴於距離遠近，隨時採取決定，並監督這些決定的實施。否則的話，全球治理是不可能的。

對全球治理來說，重要的還有統一的交流語言

---

11. Naoshi Yamawaki. 2008. The Idea of Glocal Public Philosophy and Cosmopolitanism. XXII World Congress of Philosophy. «Rethinking Philosophy Today». July 30 – August 5, 2008. Seoul: Seoul National University. p.31.

的存在,目前由於各種原因,這種語言是英語。至於什麼原因,這裡不再贅述。

全球治理道路上的障礙及克服障礙的前景

絕大多數現代國家的運行所依賴的基本原則都是在如下條件下形成的,人類當時還是片段式的,沒有表現為一個整體。國際關係各個主體的領導階層已經融入到業已形成的聯繫體系之中,但是,他們今天繼續保持片段式的思維,不顧已經改變的狀況。然而,這些發生變化的狀況要求系統的、全球的世界觀點。面對因全球化而導致的個別民族獨特文化的喪失,民族身份的喪失等,他們表達和支援一些毫無根據的恐懼。他們頑固堅持民族獨立與主權的立場,實行積極的愛國主義和民族主義政策,在今天,他們甚至依然不願意與別人分享自己部分的許可權,哪怕是為了民族機構的利益。然而,我們在這裡說的是更大的許可權,必須把它們轉交給世界政府和其他全球治理的機構。

首先是安全問題,這裡要求逐漸地改革和減少國家武裝力量,然後把它們納入到統一體系裡,服從統一治理。員警機構儘管依然服從地方和地區的管理,但是,也需要共同的全球協調。

全球治理的另外一個必要因素,如前所述,是全球法,它還有待建立,因為它根本不同于業已形成的國際法,借助於國際法只能協調國際關係,但不能治理它們。當涉及到兩個和兩個以上的國際關係主體時,國際法很早就開始相對有效地運行著。但是,全球法將涉及到整個人類,這樣的法尚未成功地建立起來。比如,國際社會沒有辦法制止波及很多海上貿易國家的索馬里海盜的大膽犯罪。其主要原因是缺乏相應的世界機構和必要程序,它們可以保證制定、採取和實施法制規範,這些規範對所有國家和民族都是必須的。在全球治理體制之外,這個任務原則上是不可能完成的。但是,沒有法制保證,全球治理是不可能的。因此,全球法和全球治理的形成過程應該是同時的。

在形成全球治理的道路上,還有一個重要障礙,就是大部分世界共同體的社會經濟落後,以及全球規模上巨大的貧富差別。沒有全球社會經濟法制和全球財政體系的協調機制,這個問題是無法解決的。引入共同的支付單位是時代的要求,最後這次世界經濟危機直觀地展示了這一點。今天,世界貨幣的角色在一定程度上由美元扮演，但是，美元不能在原則上解決問題，因為它是美國的國家貨幣，有關這個貨幣問題的解決只由美國一個國家說了算。作為普遍的統一支付手段的世界貨幣應該同樣遠離國際關係的各個主體，特別是各國家。顯然，這樣的貨幣，和世界語言一樣，作為國際間和文化間的交流手段，應該是形成有效全球治理體制的必要條件。

現在看看，哪些國際組織和機構符合，或者經過一定的改變就能夠符合全球治理的實質和原則。

現代國家是穩定的和非常有效的社會體制，此外，還要注意到現代政治精英階層都渴望自足與獨立，所以，人類通向有組織的和可管理的世界共同體的道路將是複雜的，也不可能是可以快速通過的。考慮到這一點，適合於全球治理的最樂觀的社會生活組織形式，在不遠的將來，可能是民族國家聯邦制，在這裡，全球利益和國家利益之間的合理妥協將獲得保障。歐盟的經驗並不簡單，但卻是積極的，它為解決這個問題提供一種樂觀主義。

世界憲法的基礎應該是世界人權宣言。從不

同的文化和傳統來看,它儘管遠不是那麼完善的,但它完全證明了自己的人道主義指向,有效性與活力。

從權力劃分的原則出發,聯合國完全可以覬覦立法權力機構的角色,即世界議會的角色。但是,需要對這個組織進行重大調整,以便賦予其立法權力機構的功能。因為在這裡將要通過法律和法規,它們對所有國家和民族都是必須的,因此重要的是使得這些國家和民族在世界治理的立法機構裡能夠公正地獲得代表資格。顯然,世界議會形成的程式應該經歷一定的演化,從個別國家的代表到直接選舉。建立歐洲議會的經驗,歐洲議會的演化可以成為解決這個任務的很好的例子。

執行權力機構的建立實際上得從零開始。在一定意義上,在最近這次財政經濟危機影響下開始向"二十國集團"轉變的"七國集團"隨著時間的推移可以成為執行權力機構的原型,在這裡,所有國家和民族都應該獲得應有的代表資格。但這將是個非常漫長的,不被看好的前景,在全球問題尖銳化的背景下,這就使得此問題的解決特別現實了。顯然,在不遠的將來,人類必然要遇到的嚴重矛盾將為這個問題的徹底解決提供新的可能性。

與全球法的形成直接相關的審判權力機構也需要建立，幾乎也得完全重新開始。世界共同體在這個領域裡已經擁有某種經驗，這個經驗可以成為未來世界法庭的基礎，其萌芽就在紐倫堡、海牙和歐洲的人權法法庭裡。

下面簡單探討一下，為了達到所提出的目的，作為最初的和以後的步驟，應該採取哪些原則的決定，應該在什麼層面上採取這些決定。

關於形成全球治理體制的決定，無疑應該在全球層面上作出。作為第一步，這可以是世界大會，其最近的類似物是世界環境大會，即1992年在里約熱內盧舉行的那次會議。這也可能是所有國家首腦峰會，這種峰會可以制定對待全球治理的原則立場。下一步，可操作的戰術和戰略決定便可以逐漸地過渡給重新建立的組織機構。

最後，誰可以和應該承擔起形成全球治理體制的責任呢？誰應該承擔這個代價？需要什麼樣的代價呢？

首先，這樣的責任應該由世界科學、政治和商業的精英階層來承擔,即這樣一些人,他們擁有相應的世界觀,必要的知識,最大的許可權和物質資源。另外,形成全球治理體制的責任最初應該由最為發達的國家來承擔,比如美國、歐盟、中國、俄羅斯、印度、巴西等國,它們應該承擔起最重要的責任,為現代國際關係的改革提供經濟保障。這根本不意味著,在地球上有這樣的國家或民族,它們完全可以擺脫相應的責任或者相應的貢獻,相反,它們也要付出自己應承擔的那部分代價。

有人可能會說,所有這一切都是烏托邦,全球治理是不可能的,上邊提出的理由在其必要性上並不充分。我們允許這種觀點存在,因為對上述論斷而言,還沒有無可爭議的證據。有人會懷疑所提出步驟的合理性和連續性,也許他們是對的,因為這裡涉及的主題在人類歷史上還沒有類似物。但是,正因為如此,從各個方面來考察全球治理的可能性,才顯得非常重要,包括從哲學的立場看。與科學的立場不同,哲學立場並不指向尋找具體的和可靠的,要求立即可以實施的解決方案,而是指向擴大解決問題的可能立場的範圍。當精確科學方法尚未被制定出來,但現實處境要求立即採取決定的時候,這種哲學分析的價值會增加。現代全球世界的治理就是這樣的問題。

第三章 當代世界對話的文化文明方面

由諸多國家和民族利益矛盾構成的全球世界，有一個不發生直接衝突的唯一機會，即通過對話來維持和鞏固和平，這種對話的基礎是承認和尊重地球上居住的所有人的文化分歧和文明統一。

引言

在地球的各個點上週期性地發生局部和地區的衝突，在所有層面上（從局部到全球）形成的世界體制越來越多地與全球化的客觀過程發生衝突。這就是今天的世界現實。在這種情況下，經常可以感覺到針對人類未來的悲觀情緒。於是，人們開始懷疑，世界共同體是否有能力聯合起來克服對它們而言的共同問題（所謂的全球問題）。

多元文化的政策也沒有增加樂觀主義。不久前，人們對多元文化的政策給予了很多的希望。這個政策最近也總是出現差錯，無論是在歐洲（該政策曾經在這裡被積極地推廣），還是在全球其他地區，都是如此。

因此，在社會關係裡，重要的是發現這樣一種積極因素，在其基礎上可以建立不同人之間具有建設性的相互作用。在這種情況下，通常都求助於文化，以便在文化的基礎上走向共同利益。不過，問題恰好在這裡，因為文化不能聯合人們，卻能使他們孤立起來。但是，對人們的文明程度，就是他們在與其他人相互作用時應該堅持的那些原則，通常很少予以關注，儘管只有文明才是讓人們相互理解的基礎。顯然，文化也發揮重要作用，但是，發揮決定性作用的畢竟還是與文化密切相關的文明。因此，就實質而言，當代世界的文化文明對話（культурно-цивилизационный диалог）是解決矛盾和保證平衡的社會發展的唯一可接受的方法。

我們不但嘗試論證這個論斷，而且還要指出，為了全球層面的對話，還需要如下條件：

——對所有人而言是共同的倫理規範和價值體系（全人類道德）；

——統一的法制領域（全球法制）；

——宗教寬容和信仰自由。

此外，為在現代世界上進行富有成效的對話提供條件，首先應該為此承擔責任的是：

——政治、科學和商業界的精英；

——在國家層面上，是國家領導階層和政治黨派；

——在全球層面上，是世界上最發達的國家，主要的國際組織。

但是，只有從現代世界最重要特徵開始，我們才能理解，在這個非常規的處境之下，對話為什麼可能，以及如何可能。

當代世界是個新的現實

前兩章我們談了全球化。在全球化影響下，人類進入自己歷史發展的原則上新的階段，這個階段的特點是從世界的社會政治和經濟關係的分裂、分散和片段化向它們的統一、完整、共性和全球性的過渡。這些維度在20世紀90年代就明顯地表現出來，它們出現得非常快，以至於世界共同體來不及不但是適當地對它們作出反應，而且甚至來不及在理論上充分地對其進行反思，認識所發生事情的本質。其結果是，人們嘗試借助於已經習慣的，但在這個背景下明顯地是"過時的"範疇來理解、解釋和描繪新的快速發展的、改變了的世界,比如這樣一些"過時的"範疇:"主權"、"文化"、"文明"、"全球問題"、"全人類價值"、"全球化"、"世界主義",等等。

然而,所有這些術語,加上在今天之前形成的倫理規範和規則的體系,都是在與今天有原則區別的那些條件下形成和獲得自己確定內容的。全球層面上的相互依賴性的處境呈現出原則上新的、歷史上從未有過的困境,它們的含義在實質上會導致一個問題:人類是否還能繼續存在?因為經濟和軍事力量普遍增長,同時在增長的還有各個國家和民族的衝突,不斷發生的軍事衝突。這個情況對越來越多的人而言是很明顯的,如同在這一代人的面前徹底地形成了統一的世界共同體一樣明顯,這個共同體是"共同的家園",擁有共同的命運,應該為世界上所發生事情承擔的共同責任。

但是,人們深刻地理解了這樣一個事實,誰都無法擺脫參與到克服共同問題的任務中去的責任。然而,關於各國參與的程度,責任的份額的爭論也在擴大和尖銳化。此外,分歧在增加,而且越來越深刻，因為當今世界依然分為個別的"民族住戶"。走向全球化的運動正在展開，與此同時，各民族在社會經濟發展的層面上的分裂也越來越大。

這個情況是重大障礙，它妨礙所有人都在追求的保衛世界和平與穩定發展的事務。但是，這同時也是全球公民社會形成道路上的障礙，在克服了完整世界的片段性，以及這個完整世界形成之後，全球公民社會在未來必然應該形成。

人類的統一，這是人類唯一的命運，沒有其他選項。因此，為了保衛全球的文明，應該為所有人確立共同生活的原則和規則。

全球公民社會的存在能否成為一種現實？世界共同體能否從對自己統一的認識過渡到實際的聯合，在保護文化多樣性、民族身份和個別利益差異的情況下，在原則上，建立開放類型的社會？對這些問題的答案並不那麼明顯。

現代世界——"用布頭做的支離破碎的被子"，它覆蓋了地球這個不太大的軀體。在這裡，個別國家與其說是在合作，建設性地相互作用，不如說是競爭、對立和相互敵視。它們花費巨大的努力，堅持自己的主權和獨立，執行狹隘的利己主義外交政策，首先關注的是自己民族的或完全是實用主義的利益。

而且，現代矛盾的解決在很大程度上依靠以前幾個世紀裡形成的規範、原則和人們行為舉止上的陳規舊俗，然而，它們越來越不適合21世紀初的現實了。

在這些規範中，有一些規範需要原則上的重新理解和改變，比如民族主權、獨立性、自決權，等等，與此同時，另外一些規範，比如寬容、非暴力、世界主義等，應該使它們進一步精確化，最大限度地發展，甚至將其絕對化，使之成為社會關係的主導，無論是在各國的內部政策上，還是外部政策上。能夠接受這個挑戰，並正確地回應它的那些國家將獲得勝利。

中國學者曾經形象地指出："世界是一條高速公路，現代化是汽車競賽。知識、分析、對世界的理解——是在這場競賽中獲勝的關鍵"。[12]

---

12. Обзорный доклад о модернизации в мире и Китае (2001-2010). – М., «Весь мир», 2011. С.134.

通向完整世界之路

因此,在這十年多的時間裡,我們不但生活在新的時代,新的一千年裡,而且生活在另外一個世界裡,在實質上,這是個完全新的世界。換言之,世界共同體進入了另外一個時代。世界共同體的歷史翻開了原則上新的一頁。今天已經非常明顯,與以前的歷史不同,這一頁歷史將會關注另外一個主題,用另外一套語言寫成。

新的主題:這是世界全球化外部過程的結束,完整和統一的世界的形成,這時,相對於社會裡的其他過程而言,聯合過程將成為主導的。

另外一套語言:這不僅僅是交往的新手段,比如互聯網、電子郵件、衛星電視、手機等,而且也是與全球變化相適應的道德、倫理、法制。這就意味著,要求另外一套術語,它可以重新思考以前的價值,世界共同體絕大部分都將接受其中符合新現實的那些價值。

這些現實的輪廓在今天已經清楚地呈現出來。它由很多因素決定,我們區分出其中三個最重要的因素。

第一，社會關係的全球化過程開始於地理大發現的時代。到21世紀初，**在形式上**，在自己的主要部分中，這些過程實際上已經結束。這就意味著，在地球上不受人影響的地方已經沒有了，在原則上，地理劃分已經結束，主權民族國家的形成過程也結束了。此外，經濟的、政治的、文化資訊的交流、聯繫和關係，完全超越了個別國家、民族的範圍，不再僅僅是它們的特權和所有物。與此同時，就內容而言，人類還有待于變成真正意義上的全球共同體，因為這必然要求世界觀立場、業已形成的文化和價值方針上的重大改變。

第二，在20世紀的最後十年裡所發生的重大事件中，既有前社會主義陣營國家裡發生的基礎結構上的改變，也有世界事務上的結構性變化，這就引起了世界舞臺上力量的新配置，對所發生事件的新觀點。不過，有一段時間，世界社會主義體制的瓦解，國家關係的改革，世界舞臺上新力量的配置暫時把人們的注意力從全球化過程和它們所導致的全球問題上引開了。現在，又過了十年，完全有理由把上個十年裡發生的那些事件看作是全球化過程的同一個鏈條上的環節。

第三，文化全球化和全人類文明形成的客觀過程必然構造一個相應的文化文明背景，社會生活各領域在其中將獲得越來越清楚的全球輪廓（我們下面還會專門談這個問題）。

因此，在我們面前，世界變成了完整的、全球的現象，並導致全球層面上的相互依賴性，也引起了原則上新的、歷史上從未有過的困境，比如不斷的對抗，不斷的軍事衝突。世界不同地區定期出現的這些衝突，以及由於正在延續的"人口爆炸"，經濟、資源、能源等問題的危險性的增加，它們的實質可以歸結為哈姆雷特問題：人類是否還繼續存在？問題不僅僅在於幾十年以來，生態崩潰的危險一直在增加，甚至也不在於，隨著社會主義體制的瓦解以及核大國對抗的減弱，人類自我毀滅的威脅根本沒有被消除，所以它們都在威脅著人類的存在。問題還在另外一個層面上。

現在，在已經積累的核武器、化學武器、細菌武器之外，又增加了帶有技術性質的不受限制（包括破壞性）的各類可能性。比如，對自然環境的前所未有的，越來越擴大的威脅，合法的社會抗議的增加，也包括犯罪，從局部和地區的層面到全球規模的犯罪。在全球化影響下，這一切都使得這樣一些問題和危險變成了國際的、全球的現象，不久前它們還是部分的、片段式的，比如恐怖活動或財政舞弊行為等。

出現了新威脅，包括由國際犯罪組織在世界各國實施的前所未有的恐怖活動，還有個別國家在阿富汗、伊拉克、北非和地球上的其他"熱點"地區的政策，在這一切背後，應該首先找到客觀基礎和規律性，以便成功地與這些現象鬥爭，而且更要與引起它們的原因鬥爭。

在全球的，文化和文明上相互聯繫的世界裡，現在能夠帶來威脅的不僅僅是全球問題自身，而且還有被社會拋棄的個體，更不用說被拋棄的國家了。因此，在這樣的世界裡，重要的不僅僅是局部地行動，而且還要全球地、完整地、系統地進行思考，考慮到個別利益和共同利益，近期目標和遙遠目標。

由此，我們需要特別關注在現代全球學裡積極使用的系統研究方法。

系統論立場是解決複雜問題的方法

"系統論立場"指的是這樣一種研究複雜客體的方法，該客體的各種因素是在其相互聯繫和統一中獲得研究的。我們所理解的系統是"處在相互關係和聯繫中的因素的總體，這個總體構成一個整體、統一體"。[13]

　　在研究複雜客體時，系統論立場有深刻的根源。在古希臘，在柏拉圖、亞里斯多德、斯多葛學派的哲學體系裡形成了有關系統的最初觀念，系統被理解為存在的一種秩序和完整性。後來，系統論立場的觀念在馬克思的著作裡獲得了發展，他把這個方法用於研究資本主義社會的經濟結構，還有達爾文在其生物進化論裡的應用。但是，在完整的意義上，"系統論立場"，以及與這種科學研究（現代意義上）相關的原則，只是在20世紀60年代才開始獲得積極的應用。

　　系統論立場在現代科學研究中為自己鋪設了一條道路，成為最重要的研究方法之一。這個立場是如何成功的？怎麼堅持了這麼長的時間呢？我們認為，這裡至少有兩個原因。

---

13. Садовский В.Н. Система. // Новая философская энциклопедия в 4-х тт. М., 2001, Т. 3. С. 552.

第一，到20世紀中期之前，科學的粗放型發展達到了這樣一個規模，實際上科學已囊括物質和精神存在的所有領域。此外，由於科學知識的分化，各種可能的學科數量大增，這些學科主要是從世界組成部分的角度來分析複雜世界，即不研究作為一個整體的整個世界，而只是研究其中的個別部分，把這些部分作為獨立的、自足的客體來研究。在這種情況下，能夠把個別元素聯繫為一個統一整體的那些共同的聯繫被忽略了。

因此，科學除了分化之外，必須還要實現知識的聯合，因為科學所面對的是複雜的、發展的客體，它被迫越來越多地研究這些客體。這類最複雜的客體之一就是社會及其所有類型和表現形式。毫無疑問，更為複雜的系統當然能是整個人類。在與周圍環境相互作用時，社會就成為一個極其複雜的，系統的"社會自然界"，這個系統在20世紀下半葉就開始要求人們對其給予巨大關注，因為生態問題急劇尖銳化了。在系統論立場之外，在哲學立場之外，理解這樣複雜的客體和它們運行的規律，根本是不可能的。

第二，在使用系統論立場時，總是伴隨著一種不斷增加的必要性，就是必須要考慮各種可能的大量細節、聯繫和關係，因此需要進行非常複雜的和多步驟的計算。這樣的工作沒有相應理論和科學技術上的支援是不可能完成的。換言之，如果計算、收集和加工資訊的手段越是完善，那麼就會越有效地完成這樣的工作。這些手段恰好在不久前出現了。正是由於上世紀下半葉計算技術的發展，後來這個技術發展又導致了資訊和電腦革命，這些都給系統論立場提供了強大動力，為它開發出原則上新的可能性，特別是在這樣的領域，在這裡，人類遇到了最為複雜的全球問題和矛盾。

因此，在指出社會結構不斷複雜化的趨勢後，我們要強調的是，到20世紀之前，人們實際上沒有嚴肅地關注超出他們自己生活範圍的規模上所發生的動態變化進程（динамика изменений），他們首先對局部規模的社會經濟和政治上的變革作出反映。但是，上世紀末，人們開始關注周圍事件的動態進程了。現在，成為人們理論和實踐興趣對象的不但有全球化（全球化是社會經濟和政治變革的動態進程在世界規模上的反映），而且還有相互理解和交往的可能性，這種相互理解和交往的目的是在變化了的世界裡最優化地組織共同的生活。

因此,系統論立場不但獲得了新的發展動力,而且還獲得了自己應用的新領域。比如,從1970年代起,沃勒斯坦所(И. Валлерстайн)提供的世界體系論就獲得了積極的發展。[14]這個理論一開始就把世界理解為統一整體,其出發點是,在評價局部變化時必須考慮全球背景。對待世界共同體的這個觀點與下面的觀念聯繫在一起,即暫時在很大程度上是獨立的,但卻朝著統一的國際財政資本主義統一體系發展的社會政治機構之間正在發生趨同,該理論的支持者認為,隨著時間推移,這個資本主義必然會使得地球上的所有部分秩序化,將它們納入到一個等級體系之中。

在最近三十年裡,對待大歷史(макроистория)的世界體系論觀點(миросистемный взгляд)獲得廣泛知名度,也擁有了自己積極的追隨者,他們在很大程度上擴展了該觀念的最初意義,認為世界體系關係在現

---

14. Wallerstein, Immanuel. The Modern World-System. 3 vols. N.Y.: Academic Press, 1974, 1980, 1988.

代資本主義之前就存在了。[15]比如，"核心文明（Центральная цивилизация）"觀念的作者烏爾金森（Д. Уилкинсон）就把世界體系的產生追溯到遠古時代，西元前3000年的美索不達米亞和埃及文明。

分析和解釋社會發展動態進程的世界體系論立場的另外一個支持者柯林斯（P. Коллинз）認為，世界體系關係伴隨人類的整個歷史，只有居無定所的狩獵者和採集者們沒有經歷這些關係。他說："我的觀點是，在人類存在的任何時期，都未曾有過這樣類型的社會，其中世界體系的關係沒有對其結構和進程產生影響。換言之，有組織的社會單元之間經濟、軍事政治的聯繫作為無所不包的某種結構（pattern）將對這些單元產生影響。所有社會組織

---

15. Chase-Dunn, Christopher and Thomas D. Hall. Rise and Demise: Comparing World-Sestem. Djulder, Colorado: Westview Press, 1997; Abu-Lughod, Janet. Before European Hegemony: The World System A. D. 1250-1350. N.Y.: Oxford Univ. Press, 1989; Collins, Randall. The Geopolitical and Economic World-System of Kinship-Based and Agrarian-Coercive Society // Review. 1992. Vol. XV. № 3 (Summer). P. 373-388; Wilkinson D. Central Civilization. // Comparative Civilizations Review. 1987. Vol. 17. P. 31-59.

在最重要的方面都是從外向內進行建構的。"[16]然而，這不意味著，所有社會都在"一個鍋裡煮"，因此不分你我。相對於現代處境而言，柯林斯提出的目的是：揭示地緣政治動態進程和市場動態進程之間的聯繫，就是說，要確定這樣一些方法，借助於它們，一組動態進程的結果可以推廣到另外一組動態進程上去。

這樣，就一系列原則立場看，現代世界越來越"封閉於"統一整體，比如從地理學、經濟、資訊、生態等立場看，就是如此。與此同時，這個世界依然是分裂的，分裂為大量的組成部分，比如，分裂為大約兩百個民族國家。除非通過系統的（世界體系的）立場，否則無法適當地理解這個世界。因此，20世紀初由柏格丹諾夫（А.А. Богданов）在其組織學（тектология）觀念中制定的系統論立場的觀念和原則就獲得了特殊的意義，這些觀念和原則在一定程度上也適用於歷史過程，特別是在其作為統一整體而形成的這個階段上。

---

16. Коллинз Р. Геополитические и экономические миросистемы основанных на родстве и аграрно-принудительных обществ. // Время мира. Альманах. Вып. 2: Структуры истории. Новосибирск, 2001. С. 462.

因此，文化、文明和全球化，作為歷史過程實質的不同表達，已經不能被看作是歷史過程特點的簡單加和，因為它們不是針對社會現實的個別方面或片段，而是針對整個社會，作為一個整體的社會。它們的協同將產生新的質——文化文明統一體，在實際全球化的條件下，這個統一體將成長為相互依賴的人們所構成的全球共同體，這將導致世界國家（мировое государство）的形成（至少會引起對這樣國家的真正需求）。

關於世界國家，在20世紀已經有很多人在談論，建立這樣的國家的問題顯然將成為未來幾代人最重要的任務之一。但是，現在越來越明顯了，如果社會問題首先在文化和文明領域，那麼，當我們遇到對自己而言的新挑戰時，包括全球層面的挑戰，正是文化和文明領域的現象才應該首先獲得分析。

現代現實與對話的可能性

歐洲多元文化主義政策的實際失敗，阿拉伯東方國家裡發生的"顏色"革命之後出現的強大的"維特（微博客）革命"浪潮，使得本來已經成問題的社會政治穩定問題更加尖銳化了，不但是在國家和地區層面上，而且是在全球層面上。其原因很多，但主要的是在不斷強化的兩極分化背景下全球化的尖銳化，一方面是極度富有，加上一些人無限的權利貪欲，另外一方面是驚人的貧困，以及他們實際上的無權地位。與此同時，最新技術，加上全球資訊技術革命的強大力量，為人們提供一種可能：無論身處何處，他們都可以在實際時間中自由交往，這就大大地擴展了人們的社會積極性和機動性。

這一切都迫使我們在今天的現實裡重新考察社會發展的前景，以保證其穩定和安全。因此，我們至少有兩個原則的論斷。

1.現代世界需要對社會經濟建制進行嚴格的協調，改變這個建制，使之朝向經濟、物質和其他福利資源的分配方面更加公正的方向發展。

2.政治生活應該保證社會有可能自我組織。

梅德韋傑夫總統就曾注意到這一點，他在俄羅斯取消農奴制150周年紀念會上說："必須記住，民族是活生生的有機體，而不是生產主導思想的機器。民族不能固定在螺絲釘上。"[17]

然而，解決這類任務不但是極其複雜的，而且也是非常漫長的過程。但是，有一點是無可爭論的：不把廣大平民階層吸引到這些變革中來，無論如何是不行的。因此，如果我們不顧細節的話，實際上只能有兩個可能的事件發展方案：或者是以各方對話和相互理解為基礎的可控制的改革；或者是伴隨暴力、破壞和動盪的革命事件。第一個方案不但是所希望的，而且是完全可能的，重要的是要理解，在這種情況下，關鍵是對話。對話的基礎是讓步、妥協、承認參與到該過程之中的各方堅持自己立場的權利。

然而，在當代分裂為大量"民族住戶"（每戶都有自己的秩序）的全球世界裡，如何保證上邊這個方案的實施？我們現在能否默然地對待鄰國所發生的事件？要知道，全球過程使得我們成了統一整體的組成部分，任何失衡、動盪、混亂都會產生回聲、反響，至少是在地區層面上，甚至是在全球規模上。我們不能默然地對待這些事件，但是，也不

---

17. Медведев Д.А. Нация не может держаться на закрученных гайках. // Газета "Коммерсантъ", №38 (4579), 04.03.2011.

能採取暴力,無論是政治、經濟的,還是軍事的。還要返回到協商和談判的道路上來,在全球世界裡,這條道路的特殊條件已經成熟,而且,這些條件根本不能歸結為在西方所確立的那些民主形式。

在積極的資本主義變革時代所形成的民主基本原則已經成為當代民主制度的基礎,但是,它們目前只是在個別國家獲得了穩定的形式,如果要把它們推廣到現代全球過程背景下的全球國模上去的話,還需要對它們進行重新的考察。

這大概是人類在21世紀所面臨的重要任務之一。世界共同體已經獲得了"共同的家園",共同的命運,為世界上所發生事件承擔共同的責任。但是,由此並不能獲得這樣的結論,目前只是人類一小部分遵循的民主價值和社會生活組織原則,可以被其他世界共同體自動地接受。至少有這樣的情況:民主價值經常固執地、積極地向其他文化裡推廣,但是,其他文化並沒有適應這些東西,因此,這種積極性經常引起不滿和誤解,甚至經常引起相反的反應。在當今世界裡,為了建立有效的對話,必須選擇國際交往的正確基礎。比如,由本特裡(Дж. Бентли)提出的,獲得廣泛流行的"文化間相互作用"，[18]就不完全適合我們的目的，因為這種相互作用重點在於關注文化，而不考慮文明的組成部分。因為人類內在地固有的不但是文化的多樣性，而且還有文明的統一性，在全球化條件下，這一點可以改變很多東西。比如，可以有根據地談論從20世紀中期開始形成的統一的世界文明，它在改變世界文化的多樣性，但是，絲毫沒有消除這種文化多樣性，並與文化多樣性構成動態地發展的世界共同體的統一的文化文明背景。

此外，需要指出，以這種方式形成的前所未有的世界體系根本不消除以自然的途徑形成的個別文明中心和文明表現形式，同樣也不能消除獨特的民族文化多樣性，而是應該從這些民族文化裡成長、成熟和行程在歷史上前所未有的獨特的整體。同時，新的全球文化文明構成物堅定地要求各種類型局部、地區的文化文明體系（它們是在片段式的世界條件下形成的）遵循全人類統一的規範、規則、禁忌、法令等等。

我們認為，21世紀歷史過程的主要內容就是在

---

18. Bentley, Jerry H. *Cross-Cultural Interaction and Periodization in World History* // American History Review. 1996. June. P. 749-770.

生活中實施這些要求，無疑，這個任務並不輕鬆，在國際社會上會引起大量原則上新的衝突和矛盾，因為文化過去是不同的，將來也是不同的，因此，文化自身未來也不會聯合各個國家，而是使它們分離、獨立。但是，文明一開始就帶有聯合的原則。因此，分歧和矛盾永遠要伴隨世界共同體，在其中，不同的文化文明系統（子系統）必然要競爭。在全球世界裡的對話政策應該根據自己的可能預見這些矛盾所導致的消極後果，如果不能避免，那麼哪怕是弱化這些消極後果。

全球世界觀與世界主義

為了解決上述任務，我們看一個現象，它可以為我們提供實質性的幫助。這個現象在古希臘就獲得了一個名稱，即"世界主義（космополитизм）"。與全球化聯繫起來考察這個現象尤其重要。到目前為止，"全球化"和"世界主義"這兩個概念都獲得了廣泛流傳，而且在整個世界上是按不同的方式來解釋它們的：有人認為它們幾乎是完全同義的詞，有人則認為它們是完全對立的。

通常情況下，人們在全球化裡看到的是對民

族利益的威脅，首先是在經濟、政治、文化和語言領域的威脅。關於世界主義，也是類似的圖景：人們經常在世界主義裡區分和誇大其個別方面，從而損害了世界公民觀念一般的人道主義指向。因此，所有類型的民族主義者都反對世界主義，所有極權的、專制的制度實際上都反對世界主義。世界主義被宣佈為"無祖國的"，與現實生活脫離的，那些持世界主義觀點的人經常遭到懷疑，在最好的情況下，人們對世界主義觀點也只是保持中立的立場。

現有的這些立場的弱點是，其中占統治地位的是主觀的和帶有政治傾向的評價。其結果是，人們根本沒有注意到這樣一個情況：世界主義和全球化不是某人虛構出來的，而是一種現實，其中從不同方面反映了人的統一本質以及人類進化的一般規律。

如果說全球化首先是客觀歷史的過程，那麼世界主義是世界觀的立場。此外，如果全球化是聯繫和關係的普遍化，是社會生活各個領域的統一結構在全球規模上的形成，那麼世界主義是一種精神狀態、意識形態、生活準則，最後是看待世界以及人在其中地位的哲學觀點的確定體系。同時，重要的是強調指出：全球化和世界主義是在不同歷史時代產生的。它們是由不同原因引起的，表達了社會生活的不同方面。世界主義是文化現象，它標誌著人的世界觀，全球化是社會發展趨勢，它指向完整世界的形成。

與此同時，我們有充分依據談論全球化和世界主義這兩大現象之間的實際聯繫和相互依賴性。特別是在現代條件下，尤其如此，因為現在人類遇到了全球問題，正在尋找克服這些問題的途徑，嘗試形成這樣一些世界觀原則，以便各民族和國家能夠在其基礎上協調行動。因此，我們簡單地看看世界主義和全球化出現的原因。

世界主義是對民族孤立的否定，它擴展了祖國的觀念，將其擴展到整個世界，它追求無國界的世界。這種世界主義是在古希臘形成的。當時人們還不知道地球上的實際建制，因此把有人居住的世界的界限和宇宙聯繫起來，而不是與地球聯繫在一起。這就是為什麼要把世界主義觀念的產生看作是全球化的第一個徵兆，第一個"先兆"。當這個先兆在理性層面上已經表現出來的時候，在實際上，任何全球化當然都還沒有出現。

在古代印度、古代中國，古代地中海，出現了第一批哲學學派，當時，這些國家完全是在自己的居住地帶之內活動。但是，哲學反思的力量就在於，它深入到事物的本質，經常是超越自己的時代幾百年，甚至是幾千年。與世界主義觀念並列，在古希臘哲學裡誕生了其他當時絕對不是顯而易見的理性建構，如關於原子的學說（留基伯、德謨克利特、伊壁鳩魯），關於事件和現象之間普遍相互聯繫的論述（赫拉克利特），甚至關於大地的球形和轉動的猜測（艾拉托尼、費羅勞等）。

應該特別強調的是，世界主義觀點的形成不是偶然的，也不是在空地上形成的。它們的出現依賴於歷史發展的進程自身，以及被雅斯貝爾斯稱為"軸心時代"的理性思維類型。這是世界宗教和哲學學說出現的時代，馬其頓的亞歷山大征戰的時代，傳統秩序瓦解的時代，當時大量移民與其他民族及其文化發生接觸和相互作用，移民導致習慣的生活方式的喪失，引起古希臘城邦的危機。其結果是以城邦價值體系為基礎的希臘人世界觀的觀念瓦解了，因為它們遠遠地超出了個別城市和國家的界限。這樣，人就處在一個不確定性的世界裡，在這裡，未來與其熟悉的過去已經不一致。從習慣的生活方式裡擺脫出來的古希臘人在尋找支點。到哪裡找？在自己對統一人類的參與當中找，他們感覺並宣佈自己為宇宙城邦的公民，世界國家的公民。後來，在羅馬時代，羅馬國家自身的普世性特徵促進了世界主義觀念的鞏固和發展。

蘇格拉底、按提西尼（Антисфен）、狄奧根尼、西塞羅、塞涅卡、愛比克泰德愛（Эпиктет）、馬可·奧勒留（Марк Аврелий）等很多人都是古代世界主義的著名代表。世界主義獲得了不同內容，這依賴於具體的歷史條件和個別思想家們的世界觀立場。比如，儘管"世界主義者（космополит）"這個術語是由斯多葛派引入的，但是，世界公民觀念自身出現得比較早，在他們的先驅犬儒學派那裡就出現了。犬儒學派宣佈自己為"世界公民"，因為他們感覺到自己已經不僅僅屬於封閉在自己空間範圍內的城邦了，而是屬於開放的和無限的"宇宙"，整個世界，他們把整個世界的規律置於城邦法律之上。

在後來的幾個世紀裡，我們也可以找到不少著名的思想家，其世界觀和基本觀念實際上也是世界主義的。這就是基督教哲學的代表：德爾圖良、愛留根納，還有文藝復興時代的人文主義者但丁、愛拉斯謨、湯瑪斯·莫爾、蒙田、康帕內拉等等，這裡還可以列舉很多人的名字，一直到現代人。

但是，這裡談論的主題要求我們特別關注文藝復興時代對世界主義興趣的一次高漲。對理解我們所考查的問題而言，這是個重要的歷史分界線，因為正是在這裡，人被提升到前所未有的高度，實際的全球化也在這裡獲得了開端，由於實際的全球化，世界主義已經不再是宇宙的，而是全球的現象了。

無疑，對古希臘遺產的重新思考，人類居住的實際環境的真實規模的發現，都促成了事件的這個轉折。在這裡，在世界理解中的"哥白尼革命"以及地理大發現當然都發揮了重要作用。地理大發現首次斷定：大地是球體。因此，這就為人們的世界觀提供了基本的校正，人與自然界相互作用的極限領域不是"宇宙（космос）"，而是"地球（глобус）"。大致可以說，正是從這個時候開始，"地球"的概念取代了古希臘人所理解的"居住地（ойкумен）"的概念，在更廣泛的意義上，這就是"宇宙"。

美洲的發現,然後是麥哲倫第一次環球航行,為實際的全球化奠定了基礎,這個全球化開始於新領土的發現與開發,即這是在地理學領域,但是,全球化很快就把經濟、政治、文化等領域都吸引到自己的進程中來。此外,世界主義觀點第一次獲得了原則上的可能性,即超出抽象思辨的範圍,在實際活動領域獲得實現。

現在是21世紀初,在社會生活的所有主要方面,世界已經成為完整的系統。參加全球化,還是不參加全球化?針對這個問題,個別的國家和民族實際上已經沒有選擇的可能性。事件的自然進程迫使它們必須要參加,因為它們不但不能改變自己或鄰居的居住地,而且也不能脫離向世界共同體聚合的趨勢。在理論上,這當然是可能的,但是,誰不進入經濟、政治和文化的全球化過程,誰與世界主義鬥爭,把自己民族獨特性置於高於一切的位置,那麼他必定要使自己孤立、落後。對這樣的民族而言,除了一系列否定的後果外,還將導致對世界穩定的威脅,因為正是這樣的國家為國際衝突、有組織犯罪和國際恐怖主義提供了最合適的條件。

因此，全球化是自然的過程，它自身不是好的，也不是壞的，但是，它對不同民族會產生不同的影響。對欠發達國家和貧困的居民階層而言，全球化的確包含更多的威脅，而不是積極的方案，富有和發達的國家因全球化而獲得更多利益。但是，這裡的問題不在於全球化，而在於當今人類的社會政治和經濟的建制，在於人類的分離和不平衡的發展。世界主義觀念也不是某些人的陰謀詭計，而是全球世界不同人們現代生活的合乎規律和必要的條件。因此，不應該與全球化和世界主義鬥爭，而應該與現存的惡劣世界秩序以及不公正的社會關係鬥爭，形成全球世界觀，新的論理和價值體系。

因此，世界主義觀念在其新的解讀中已經不僅僅是理智遊戲或哲學立場，而是國際對話的基礎和人類在全球的和相互作用的世界裡生存下來的必要條件。但是，這只是現實的一個部分。

文化與文明是對話的基礎

問題在於，儘管全球化在社會生活中導致一定程度的平均化，但是，它絲毫沒有消除文化上的多樣性，這個多樣性過去總是存在過，現在也存在，在將來也不會消失，正是因為每個民族，每個個別的人，都是絕無僅有的，獨一無二的。孔子就曾注意到這一點，他說：人和人之間，"性相近也，習相遠也"（陽貨）。民族的文化發展與其語言、傳統、宗教、心智等有著根本的聯繫。因此，任何民族的文化發展都必然要求文化獨立，必然要堅持民族國家，追求自覺和獨立性。

但是，恰好應該到文化的背景裡去尋找民族主義、孤立主義、沙文主義等現象的根源，如果走向極端，它們都會與世界主義、全球世界觀、統一人類對抗。但是，文明的發展，包括個別民族的文明發展，也包括整個人類的文明發展，將導致世界主義、全球世界觀、統一人類。同時，我們還要指出，這種文明發展的具體形式恰好就是全球化，現在已經是多層面的全球化了，它不顧個別人的意願和願望，必然要形成世界文明。

綜上所述，可以說，文明是世界主義和世界共同體統一的基礎。它是聯合的原則，聯合過程的動力。文化是個人主義和分歧的基礎。文化使人孤立，在一定程度上也使各民族分離，即文化是全球人類分化的基礎。針對這個情況，不能用"好"

和"壞"來評價。應該承認這個現實,學會與之共存。與此同時,應該記住的是:把社會發展中某個因素的作用絕對化或誇大,無論是文化的還是文明的因素,都會導致極端和不良的社會緊張。可以列舉大量的例子,包括現代生活中的例子,來證明這樣一個論點:哪裡過分強調文化,那裡就會出現民族主義和沙文主義的土壤。哪裡以文明為支柱,並誇大全球化的意義,那裡就會出現赤裸裸的、抽象的世界主義。

因此我們應該指出:文化與文明的發展的複雜共生將引起民族與國際,愛國主義和世界主義之間的基本對立,隨著全球化的增強,會使這種對立強化和尖銳化。目前,這個對立已經超出了純粹意識的範圍,成為全球化時代社會生活的突出特點。

但是,民族國家的時代沒有結束。因此,在討論全球化、世界主義和未來倫理的時候,不能不關注我們已經習慣了的"文明"概念,因為它不但不能正確地反映現實,而且還導致巨大混亂,特別是當利用它來討論現代世界過程的時候。比如,有關文明和文明的多樣性的大量討論,都是神話,必須儘快放棄這個神話,因為這只是虛幻的東西,是對

我們觀念的誤解　（歪曲），尤其是當我們看不見文化背景中的文明發展，讓文化背景與文明發展脫離的時候。

文化文明體系：對世界的新觀點

事實上，只要在某個社會裡出現了文明的最初標誌，我們就不能在其中區分出單獨的文化發展與單獨的文明發展了。它們如同一枚硬幣的兩面，從這個時候起就存在於不可分割的統一體之中。在這種情況下，我們不應該單獨地談論文化或文明，在最好的情況下，這也是某種抽象，而應該談論某個社會有機體的文化文明發展。還可以換個說法：在所有可能的社會組織、個別國家裡，現在，在全球化的條件下，也是在整個世界共同體的條件下，我們所面對的不是不同的文明或文化自身，而是不同的文化文明體系（культурно-цивилизационные системы）。

與此同時，應該從互補原則出發來考察這些體系中文化和文明的組成部分。就是說，在一種背景下我們稱之為文化的東西，在另外的背景下只能稱之為文明，反之亦然。我們指出，如果文明原則對所有的社會體系都是一樣的，那麼文化則有很多。某一種單獨的文化與另外其他文化相比，既不是好於它們，也不是壞於它們。它們只是不同而已。由此就有了文化文明體系的多樣性，這些體系可以按照不同的依據來劃分。比如，文化文明體系不僅僅可以是個別國家和民族，而且也可以是個別地區、大陸或者也可以是宗教教派。歐洲、拉丁美洲或非洲，同樣還有基督教，伊斯蘭教或佛教，都可以和應該被看作是一定的文化文明體系。它們是不同的，但是都有自己的任務，遵循自己的目的，它們過去堅持，現在也堅持，而且永遠都會堅持自己的利益。因此，在這裡發生衝突和對立的不是某些神話般的文明或個別的文化，而是絕對具體的文化文明體系，在這裡，同樣一些文明成就，規範或價值，納入到不同的文化背景之後，塑造了不可重複的和唯一的混合體，就是我們大致地稱為某個具體社會的靈魂和肉體的東西。

東方永遠也不會成為西方，西方永遠也不會成為東方，其根源就在這裡。教會合一運動（экуменизм）的觀念不會消除宗教流派的多樣性，而世界主義也不會成為對所有人而言的絕對價值和社會關係的唯一調節器,甚至當世界在其主要社會經濟指標上徹底成為統一的體系時,情況也是如此。換言之,我們註定要同時生活在不但是全球世界的條件下,而且還要生活在局部世界的條件下,這個局部世界擁有文化的多樣性。由此,人類儘管在全球文明的方向上發展,未來的宇宙城邦必然始終要成為在文化上多樣的和不均勻的。非常明顯,對世界主義觀念的接受,它們的傳播,將直接依賴於世界規模上的公民社會的發展程度,在通向這樣的公民社會道路上,目前只是邁出了最初的幾步。

作為社會關係主要調節因素的道德與法制

世界共同體還要建立價值和道德原則體系,它們應該與全球世界和全球文明相符合。在這條路上已經可以看到一些成果。比如,當我們表現出對世界海洋生態問題或者全球氣候變化的關注,當我們確定自己對待伊拉克或巴爾幹地區處境的態度時,我們在客觀上就成為世界公民。當我們在自己的國家之外遵循普遍接受的行為規範時,我們也把自己看作是世界公民。事實上,我們已經生活在全球世界裡,繼續圍繞世界主義進行爭論,它與全球世界觀以及全球世界感是一致的，在一定程度上，在我們身上都會有全球世界觀和全球世界感。

這就是為什麼已經到了該淨化"世界主義"概念的時候了，應該使其擺脫加給它的完全消極的內容，應該說，世界主義根本不要求放棄民族的東西，如同堅持全人類利益並不排斥愛國主義一樣。問題只在於把重點放在正確的位置上。因此，世界主義者（космополит）不是喪失自己祖國的人，而是把自己面對祖國的義務與世界共同體的利益結合起來。指望所有人都將堅持這個立場，哪怕是在遙遠的未來，這太天真了。但是，如果不在這個方向上改變社會意識，那麼人類將沒有未來，至少沒有良好的未來。

然而，問題是人們來不及，有時候是根本不願意根據快速發生的變革來改變自己的行為，協調自己的世界觀。這不僅僅是因為業已形成的規範的保守性，對它們的改變跟不上生活的動態發展進程，而且還因為人的自私本性。當一個人獲得糟糕教育，很少服從來自於業已確立的規範和規則（以及保證它們獲得實施的力量）的外部調節時，那麼他的侵略本性就會更容易表現出來，表現得就會更加強烈，更加無人性。事實上，針對從內部調節人的行為，指向其良心的道德、倫理規範，如果沒有外部調節，那麼它們自身就沒有多大意義。在這種外部調節裡，以力量和不可避免的懲罰為基礎的法制規範將發揮主要作用。

鑒於雙重的生物-社會的本性，在調節社會關係時，人們永遠也不能放棄力量，但是，對力量需求的程度，力量使用的形式總是依賴于社會文明的程度，這種文明程度不是由官方宣佈的道德來決定，而是由這樣的道德來決定，它深入到人的內心世界，深入到社會意識內部，從各個方面表現在日常生活行為當中。而且，無論這裡說的是個體、集體，還是國家或者是整個人類，都是沒有原則差別的。這些主體中的每一個在實現自己利益的時候，在達到所提出任務的時候，除了受制於客觀條件外，只有道德"妨礙"（普遍接受的和自願遵守的協議、約定等等）的力量，以及外部力量作用或這種作用的實際威脅。

人類全部歷史就是對這個結論的證明。一些人對另外一些人的生命、自由和私有財產的侵害從來沒有停止過（無論是個別情況，地區衝突或者是戰爭），在上述限制缺乏或者是不充分的時候，這些侵害實際上總是存在的，過去如此，現在也是如此。此外，力量的證據和道德的證據有不同的"份額"。比如，原則上說，不可能只在倫理規範基礎上，即在寬容和非暴力占徹底統治地位的情況下，來協調社會關係。我們越是想放棄力量，越應該使人擺脫惡習，使之接近自己的完善，成為類似上帝的完滿存在物。然而，對人進行人道化的可能性的程度受其道德發展過程中非常確定的極限邊界的限制，這個邊界還是由人的生物社會本質規定的。

因此，在利用全部文化資源、教育的全部資源與可能性的同時，還應該承認力量（有時候，實際使用力量的威脅就足夠了）在社會關係（包括國際關係）形成與協調中的重要作用。而且，應該把直接壓力和強力看作是不可避免的惡，必須在法律的範圍內使用這種惡，同時利用社會輿論的力量來制衡強力和權力機構。全球化的世界還要求必須制定和確立普遍的法制。因此應該承認，由於自然本性，包括人的本性，不能忍受真空，那麼所有不服從道德調節的社會關係，都應該徹底地（避免惡化）用力量進行協調，顯然，如前所述，這種力量需要通過相應的方式形成。只有這樣才能指望最大限度地接近通過和平途徑解決各種可能的衝突，指望消除全人類問題的尖銳化，指望文明得以生存下來，只有這個文明才能徹底地把所有民族聯合成為一個整體。

應該盡最大努力促使共同體道德和共同法制成為社會關係的主要調節器，同時必須注意，在其他價值裡，最重要的是人權。但是，在全球相互依賴的情況下，人權應該由相應義務來限制和補充。比如每個人都應該獲得相應的教育，學會用全球範疇思考問題，或者哪怕是至少接受這些範疇，認為自己是統一世界的公民。同樣，每個民族、國家應該在堅持自己傳統、信念、價值時，必須把全人類利益置於首要位置，以便保衛人類未來。但是，只有借助於我們的行動才能影響未來，現在，在普遍相互依賴的情況下，這些行動應該以承認世界的完整性為基礎，因此也是以承認普遍的道德準則和全球價值為基礎，制定和接受這些準則和價值是當今的首要任務。

對話的障礙以及克服障礙的可能性

因此，我們完全可以談論全球規模上的全球意識的形成，其基礎既有對所有人都一樣的價值和行為規範，也有被其他人承認的，各類人的民族和文化的獨特性。但這還不是一切。如前所述，在全球世界裡成功和穩定的文化文明對話還需要對所有人都有普遍意義的道德。就是說，在全球規模上必須形成全人類價值和全人類道德，它們不是取代，而是補充和發展各民族的道德與價值。可以認為，保證所有人對生命、自由和私有財產領域平等權利的人權宣言可能，也應該成為這種道德形成的出發點。

富有成效對話的另外一個必要條件是統一的法制領域和共同體制，包括在全球規模上制定和實施對所有國家和民族都一致的法制規範。我們強調指出，這裡說的不是國際法，在國家間和地區的層次上，國際法還是相當實用的，這裡說的是全球法，它的確將是普遍的。這樣的法根本不要求取代個別國家或地區機構的法制體系，以及國際法律規範和建制。重要的只是後者要與更高秩序上的法制規範一致，即全球法，不與全球法矛盾。

宗教寬容和信仰自由也是非常重要的。它們作為不同的人們和平共處和建設性相互作用的重要條件，是非常必要的，無論這些人的宗教信仰如何，或者沒有宗教信仰。最後，對於全球世界上富有成效的對話而言，同樣重要的是統一的交流語言，目前由於客觀原因，英語在更大程度上成了這樣的語言。[19]

這些都是有效對話的必要條件，但不是充分條件。在全球世界裡，富有成效對話的其他業已形成的前提還有統一的資訊空間，它是在現代遠距離交流技術基礎上形成的，包括宇宙聯繫體系。還有現代大眾資訊手段，這些手段使得每個人在實際時間裡掌握最新消息，與任何人討論任何問題，無論對方處在地球的什麼位置上。

同時，在現代世界裡，還存在一系列障礙，它們就出現在對話的發展和鞏固的道路上。比如，絕大多數現代國家是在這樣一些原則基礎上行事的，它們是在另外的條件下形成的，當時人類還是

---

19. Кристал Д. Английский язык как глобальный / Пер. с англ. Н.Кузнецовой. - М.: Весь Мир, 2001; Чумаков А.Н. Проблема единого языка общения в глобальном мире // IV Международная научная конференция «Язык, культура, общество». – М.: РАН, 2007; Гунаев З.С. Будет ли в XXI веке глобальный язык? // США - Канада: экономика, политика, культура. - 2001.

片段式的，沒有表現為統一整體。國際關係各主體的領導階層有機地被納入到業已形成的聯繫體系之中，在今天繼續片段式地思考問題，不顧已經改變了的狀況，這些狀況要求從系統的、全球的觀點看世界。他們製造和支援毫無根據的恐懼，這些恐懼是針對全球化導致的個別民族文化的喪失，民族身份的喪失，等等。他們頑固地堅持獨立性和民族主權，沒有準備好進行公開的對話，如果在這個對話裡包含了對他們而言的威脅，即為了超民族機構而分享自己許可權的哪怕不大的一部分。

那麼，誰可以和應該承擔責任，為在如此複雜和矛盾的世界裡進行富有成效的對話而創造條件？首先，這樣的責任應該加給世界政治、科學和商業高層，即這樣一些人，他們有相應的許可權，擁有必要的知識和廣泛的世界觀。另一方面，為全球世界上富有建設性的相互作用創造必要的條件和相應氛圍，這個責任應該由最發達的國家來承擔，首先是美國、歐盟、中國、俄羅斯、印度、巴西等等。而且，它們實際上沒有其他選擇，只有接受和承認這些非常明顯的事實。

這個明顯的事實就是，現代人類在全球化影響下具有了越來越有效和完整的結構,這個結構是由各種文化文明子系統構成的。因此,現代人類首先要依靠利益的平衡來維持均衡和穩定發展,而要想達到這種利益的平衡,主要和首要的途徑就是全球世界的對話之路。

第四章 俄國哲學協會是公民社會的組成部分

哲學發展的水準對任何一個社會而言總是其成就的主要指標，不但在科學領域裡的成就，而且也包括在文化領域的成就，這裡指的是精神文化和物質文化。關於某個社會的哲學自身發展的水準可以根據這個社會中的哲學組織的狀況來評斷。

俄國哲學協會及其社會使命

在最近幾十年裡，俄國哲學思想發展的歷史與蘇聯哲學協會的活動有直接的聯繫，該協會於1971年成立，為蘇聯科學院主席團下屬機構。從1992年開始，這時，蘇聯已經不復存在，俄國哲學思想發展的歷史就與俄國哲學協會的活動相關了，它是蘇聯哲學協會的合法繼承者。

今天，俄國哲學協會是自願加入的社會學術組織，它聯合俄國公民，他們在哲學領域裡從事學術、教育和啟蒙的工作。協會向所有對哲學感興趣的人開放，也對這樣的人開放，他們沒有俄國公民身份,是否成為協會的會員,並不依賴於他們住在何處。

俄國哲學協會有分支機構,包括基層組織和分部,它們實際上分佈在俄羅斯聯邦所有主體(150多個)裡。俄國哲學協會有八個分會(莫斯科、聖彼德堡、烏拉爾、頓河、雅庫斯克等地都有分會),總共有成員6千人。

哲學協會在40年之前的出現並不是偶然的,也不是某人的個人貢獻。這是把從事哲學的人們聯合起來的一種客觀需求,目的是支援和發展自己的職業水準,確立和擴展創造交流,包括國內的和國外的交流。沒有這樣的交流與接觸,既不能成功地發展科學,也不能成功地發展哲學。就是在今天,對於解決這樣的任務,以及公民社會的形成,人道建制和文明關係的形成,哲學的意義絲毫也沒有減弱。

事實上,當一個哲學家著手解決創造性的任務時,他來到教室講課或者主持討論課,那麼,他不應該僅僅擁有一些知識、觀念,還必須對這些知識、觀念進行鑒定、檢驗、比較,批判地反思,在與專業上的同事們交流之外,這一切都是不可能做到的。如果你不參加比賽，你就不能成為一個好的運動員。在科學、哲學裡也是一樣，如果你不和同事交往，如果你不參加科學研討會和其他學術活動，那麼你就無法成為一個一流學者、哲學家。但這還不是哲學家應該做的一切事情。他們能夠，也應該促進社會生活的最好建制的建立。

當然，哲學總是有點遠離日常生活。這是它的特點，不可重複的獨特性，這是哲學在所有時代的突出特徵。但是，相對於所謂的日常社會存在，現實生活的日常實踐，哲學也不是格格不入的。在歷史上，我們可以找到很多例子，它們可以證明這個論斷。

比如可以看看柏拉圖的一個著名論斷，即國家應該由哲學家們來治理。這是在兩千年前說的話，在20世紀，對哲學的這個理解甚至導致一個流派的產生——實踐哲學流派。實踐哲學的實質由20世紀的一個法國哲學家很好地表達了，這就是比埃爾·阿多（Пьер Адо），他強調，如果哲學是一種積極性，其意義在於智慧訓練，那麼，這個訓練必然不僅僅在於按照一定的方式說話和論述，而且也在於以一定的方式行動，看世界。

這個想法的合理性可以這樣來證明:哲學不僅僅反映事物的現存狀況,而且在一定程度上也是一定社會中社會關係和具體狀況的產物和結果?!在不同時代,在不同民族那裡,正是這一點永遠賦予哲學以不可重複的特徵和特點,在此基礎上,我們可以談俄羅斯哲學、中國哲學、德國哲學、法國哲學、美國哲學,等等。

但這個狀況也迫使一個國家裡的哲學家們聯合起來,不僅僅是為了討論一般的哲學問題,而且也為了解決這些哲學家們生活於其中的那個社會的現實的、迫切的問題。正是這一點可以解釋:實際上今天已經沒有這樣的國家,其中沒有自己的哲學組織了。

在世界規模上,從1900年開始,就存在一個國際哲學協會聯合會(Международная федерация философских обществ, МФФО)。在一個多世紀的時間裡,該聯合會每五年舉辦一次世界哲學大會。

在國際哲學協會聯合會裡,俄羅斯是由俄國哲學協會代表的,以6千會員的規模,位居世界第二,僅次於美國哲學協會 (有一萬多名會員)。

據我所知，在中國也有很多哲學協會。但是，它們暫時還沒有能夠積極地在世界層面上表現自己。如果它們聯合成為全中國的哲學協會，並組織召開自己的全國性的哲學大會（我認為，這樣的事情早晚會發生的），那麼，完全有可能，這將是全球最大的國家級哲學協會，那些全國性的哲學大會也將是規模最大的哲學大會。

至於說俄國哲學協會，那麼可以說，首先這是職業聯盟，它使人們不但可以創造理論觀念，而且也可以將這些觀念傳達給廣大讀者。但是，在這些觀念傳遞給社會之前，更不用說在實踐上實施這些觀念之前了，應該與同事們討論這些哲學觀念，將其與其他觀點進行對比。只有通過書面語言或者是在學術論壇上，才能做到這一點，職業組織的使命恰好就是促成這類活動。而且，職業組織組織得越好，就越容易完成這樣的任務。

我們很理解這一點，因此對組織工作給予很大的注意。我們堅持這樣一個哲學原則：形式與內容是緊密聯繫在一起的。但是，1990年代上半葉的俄國哲學協會非常弱，指望哲學家們能夠對社會意識產生積極影響，在當時這是不可能的。因此，從1990年代中期才開始形成俄國哲學協會活動的基礎，這是一些新的民主工作原則，其中可以區分出三個主要的原則：

1.必須繳納會費，只有繳納了本年度會員費的個人才被認為是俄國哲學協會的會員（費用的數額不大，但必須繳納）。

2.每季度出版一期《俄國哲學協會通訊》（只有協會會員才能在其中發表文章）。

3.定期舉辦（每3年一次）全俄哲學大會和學術會議（在這裡舉行彙報和協會的選舉會議）。

因此，促使對哲學協會的興趣開始會升溫的主要因素是，協會的每個成員以個人身份直接參與協會的活動。在這種情況下，人們不再感覺自己僅僅是別人意志的執行者，他們開始明白，有些事情也依賴於自己。他們說的話，發表的意見，會得到注意的，甚至可能成為是決定性的。這恰好是任何公民社會的實質和基礎。但是，為了更好地理解，俄國哲學協會在什麼程度上現在可以作為公民社會的組成部分，需要看看它形成的歷史，最近20年來其活動的具體結果。

俄國哲學協會的結構和基本原則

俄國哲學協會最高領導機構是其成員的全體大會，一般五年內至少召開一次，它選舉新一屆會長（直到下一次大會），副會長，主席團和協會的監察委員會。

現任協會會長是斯焦賓院士，筆者擔任第一副會長。還有8位副會長，總秘書以及協會主席團（包括著名科學院院士和通訊院士，我國主要哲學系的主任，以及俄國最有權威的哲學家）。

俄國哲學協會的主要工作方向包括組織和舉辦學術活動，出版活動，確立和發展學術聯繫，包括在俄國國內的和國外的學術聯繫。每年由協會倡議或者是在協會的直接參與下，總體上在全國舉辦150場學術會議、研討會、圓桌會議、創造性的見面交流會等等。哲學家們創造交往的最重要形式是全俄哲學大會。以俄國哲學協會的名義，每2-3年在俄國不同地區召開一次全俄哲學大會。

如果在1994年全國舉辦不到10個學術會議和圓桌會議，1996年大約是30次，那麼，在1999年已經有70次了，從2000年起，每年舉辦的學術會議和圓桌會議已經達到150場。

俄國哲學協會是國際哲學協會聯合會享有充分權利的成員。我們協會的成員通常都會去參加世界哲學大會。

重要的是強調：俄國哲學協會在今天不是一個單一的，根據統一模式建立的組織，而是個聯合會，它在互惠互利的基礎上把個體成員聯繫在一起，也把各創作集體聯繫在一起，在這些集體中，有人數不多的基層組織，也有完全獨立的大的哲學聯合體，包括學術分部、研討會、創作小組，等等。

我國哲學生活裡發生的積極變革的另外一個重要指標是定期哲學出版物。90年代上半葉，在俄國定期出版的專業哲學雜誌實際上只有一個《哲學問題》。1993年，開始出版《哲學研究（Философские исследования）》，然後是在1996年開始出版俄羅斯人文學協會雜誌《常理（Здравый смысл）》，從1997年起，俄國哲學協會開始出版自己的雜誌《俄國哲學協會通信》，關於這本雜誌我們下面再詳談。

不過,目前俄國哲學協會下面的很多分部和組織都在積極地從事出版活動。其中有幾個分會都有自己的定期雜誌,比如:奧倫堡哲學分會出版的雜誌是《Credo》;科斯特羅姆哲學分會出版的雜誌是《反映(Отражения)》;伊萬諾夫哲學分會出版的雜誌是《哲學叢刊(Философский альманах)》;克拉斯諾亞爾斯克哲學分會出版的雜誌是《西伯利亞智慧(Сибириум)》;白城哲學分會出版《精神與時代》(叢刊);克拉斯諾達爾哲學分會出版的雜誌也是《哲學叢刊》;聖彼德堡哲學分會出版雜誌《維切(Вече)》和年刊《思想》,等等。

在蘇聯時期,我們的哲學界只有兩大核心哲學雜誌,這個現象是非常重要的,它對社會精神生活的改善和新世界觀的形成的意義,怎麼評價都不為過。

這樣,在最近幾年裡,俄國哲學協會在數量和品質方面都有了顯著增長。只要指出下面一點就夠了:如果說在1990年代初,在協會裡,繳納會費的會員不到250人,那麼到1990年代末,繳納會費的會員數量到了2千人。後來的五年裡,正式會員的數量快速增長,目前協會成員數量穩定在6千人左右。

非常重要的一點是，其他學科的代表（心理學、政治學、社會學）不但瞭解哲學大會、學術會議，閱讀我們哲學協會的《通訊》，而且還利用哲學協會的經驗，探索自己的工作方式。俄國哲學協會盡一切努力支持這種接觸和經驗交流，促成在俄國形成儘量多的各類協會、組織、創作集體（包括哲學領域的）。

俄國哲學協會與很多定期刊物有非常好的聯繫。比如關於俄國哲學協會活動的資訊發佈在《哲學問題》、《常理》、《哲學與社會》、《俄國人文科學基金會（РГНФ）通訊》和《科學院通訊》等中央和地方的雜誌上。

我們哲學協會與《俄國哲學報》也有密切的合作，該報是5年前在俄國哲學協會的協助下創辦的。這份報紙是職業哲學家與廣大讀者之間很好的聯繫紐帶，因為它用通俗語言講述重要的哲學問題，讀者物件是那些對哲學感興趣的人。

最後，強調指出下面一點是重要的：自願加入俄國哲學協會的原則和必須繳納會員年費，這些原則使得會員們用具體和重要的行動來支援整個組織的活動。否則的話，在這些原則基礎上建立的任何社會組織都會因為沒有牢固基礎而瓦解。

協會活動的結果和人文結論

那麼，今天的俄國哲學協會是什麼，它位於什麼樣的水準上，在自己的活動中，它優先考慮的問題是什麼？下面就稍微詳細地談一談這些問題。

正如歷史上形成的那樣，俄國哲學協會的基層結構元素是其分部和與之相關的哲學組織。此外，重要的是要指出，與其他國家不同，下面的哲學協會或聯合會在俄羅斯還很少，它們不是按照地域的標誌成立（一般情況下，相對于行政化工作原則占主導地位的地方而言，地域的標誌是典型的），而是按照哲學研究或某個哲學家創作的方向來成立。

我想指出，各類協會和聯合會是個重要的標誌，它們不僅僅關涉到哲學創作的各個環節的發達程度，而且還關涉到公民社會建制的發達程度。換言之，公民社會越是發達，那麼其中的各類組織就會越多。

比如，在公民社會和民主建制相對發達的國家裡，哲學組織就非常多，其中的絕大部分都指向反思和解決一定的哲學問題,或者它們研究某個思想家的創作,發展和宣傳他的思想。此外,在這些組織裡,成員通常都是個體的,而集體參與形式則是例外的情況。

在俄羅斯,今天的處境有所不同。除了構成俄國哲學協會的那些哲學分會外(聖彼德堡、頓河、烏拉爾等等),還有絕對獨立的哲學組織,比如:"康得協會","弗蘭克哲學協會","俄國馬克斯·舍勒協會","聖彼德堡文化學協會",等等。但是,我已經指出了,它們不如希望的那麼多。然而,成立這類組織的過程就自己的基礎而言是個客觀過程,主觀強制性的決定在這裡無法改變處境。獨立的哲學(其他社會性)組織還會出現的,這依賴于公民社會如何發展和鞏固,它們在多大程度上可以成為公民社會發達程度(因此也是民主的發達程度)的指標和標準。

在俄國哲學協會的主席團裡,有人對協會個體會員的數量表示過擔憂,在該組織總體人數快速增加的背景下,個體會員增量是個常數,大約在200人以內,但整個協會的人數現在已經到6千了。為什麼我們特別關注這個問題呢?因為根據這個指標(即個體成員）可以判斷個體成員的生活和公民立場，而不僅僅是我們同事支付會員費的能力。事實上，會費相對而言不多。一年的個人會費包括訂《通訊》雜誌，還有郵費，換成美元的話大約是17美元，在基層組織裡，如果個人不要雜誌，那麼會員每年只需繳納5美元會費。

相對于大學老師的工資而言，這個差別是不大的，此外，個體會員的優惠更多些。但是，我們看到，絕大多數俄國哲學家們希望加入某個集體。這一點與西方國家的哲學組織有很大不同，在那裡所有人實際上都是個體會員。我們認為，對這個情況的解釋，一方面，是俄羅斯人的集體、團體的性格，在蘇聯，一切都是在集體原則的基礎上組織起來的，多年之後，這已經形成了習慣，成為行為的規範。另外一方面，這一點還見證了俄羅斯人不願意提出倡議，不願意採取積極的生活立場，表現自己個體的、個性的質，最後，不願意成為獨立的和對自己的決定與行為負責的人。正是這一點把自由人與臣民區別開了，把公民與某個協會的成員區別開了。但是，在這裡，和社會組織的出現一樣，主觀強制性的決定不能解決問題，只有創造相應的條件，才能改變處境。

《俄國哲學協會通訊》是俄國哲學的一面鏡子

今年第1期《通訊》出版後的15年了。[20]目前，《通訊》每季度出版一期，發行量為2500冊，發送到哲學協會所有的下屬組織，個別會員，還有很多圖書館，不但是俄羅斯的，而且還有國外的圖書館。

《通訊》是絕無僅有的出版物，它是個多層面的雜誌，我在這裡不能考察它的所有方面。但是，應該強調一下，它是一本非常獨特的雜誌，與通常的理論雜誌不同，而且它還履行一種對哲學協會而言非常重要的管理功能，就這一點我打算多說幾句。就自己的意圖而言，《通訊》區別於古典的哲學雜誌，因為它刊登簡短的、內容豐富的和信息量大的文章和箚記，提供關於我國和國外的哲學生活方面的各種資訊，通報已經舉辦和將要舉辦的哲學大會和研討會。所有這些構成了《通訊》的基礎。《通訊》一開始就被當作學術"討論的創造平臺"，"通告欄"，最後是"現代俄國哲學的一面鏡子"，也是回饋聯繫的手段，是對非正式網路機構進行遠距離管理的一種工具。

---

20. 本章寫於2012年。

《通訊》的主要任務是聯合俄國的哲學思想，為哲學創造的對話提供良好的環境，哲學創作只有在對話的框架下才有可能。雜誌編輯部"堅持多元主義原則，協會成員可以自由地表達自己意見和堅持自己立場"。[21]編輯部認為，"哲學家們的交往通常應該以創作對話的形式進行，這時參與討論的各方參加者不但希望表達自己的觀念，而且還有傾聽其他人的觀點"。[22]

當然，堅持這個立場也會引起一種擔憂，思想自由是否會導致隨意和混亂，在寬容和多元主義條件下，一方面，哲學與科學，另一方面是神秘主義和日常意識的偏見，它們之間的界限是否會遭到破壞。

在日常意識、思維套路和偏見的進攻之下，證明的知識，批判的思維有時候會喪失自己的立場，學者與不明飛行物專家、占星術士、特異功能大師等混同的現象時有發生，這已經不是什麼秘密。在這些情況下，對話的價值在增長，因為如奧爾特加·伊·加塞特（Х. Ортега-и-Гассет）正確地指出的那樣，"最

---

21. Вестник Российского философского общества. — 2001. — № 3. — С. 20.
22. Вестник Российского философского общества. — 2001. — № 3. — С. 8.

好的共存形式是對話,在這裡,論據之間的衝突可以驗證我們思想的合理性。"[23]

正是因為如此,我們的雜誌總是開放的,為不同思想的人提供表達自己意見的機會,即使他們對待協會的態度是批評的。因此有時候可以聽見有人說,雜誌沒有自己的政策,或者它的政策有問題。其實,這裡的問題可能是沒有考慮到一般(經典)雜誌和《通訊》之間的原則差別。經典雜誌的工作方向的確只取決於編輯部,但是,《通訊》是由全體哲學協會辦的。在這裡,當然會有這樣的情況,針對雜誌上刊登的材料,有人喜歡,有人不喜歡,等等。任何"改革","改善","校正"的願望,甚至是出於最好的動機,都只能意味著一點,(如果改變我們的政策,那麼)我們在這裡將獲得一面"彎曲的"鏡子,有時候甚至是對現實的虛幻的反映(зазеркалье),是歪曲的圖景,而不是實際的鏡子,這樣的鏡子才能真實地反映現實。

重要的是,雜誌提供一種可能性,讀者可以通過它來瞭解世界各角落裡哲學家的活動,擴大創作聯

---

23. Ортега-и-Гассет Х. Избранные труды. — М.: Изд-во «Весь Мир», 1997. — С. 83.

繫,加入對話。為此,我們的雜誌開闢有專門的欄目"國外同事的經驗";"俄國哲學協會分會與基層組織的資訊";"當代世界哲學"等。此外,在雜誌裡還有一些定期欄目:"我們邀請參加討論","繼續討論","哲學教學問題"等。在這些欄目裡提出了各類非常不同的問題。但是,俄國的哲學生活是動態的,新欄目的出現完全基於對現實問題進行討論的必要性。比如,為了刺激剛起步的哲學家,包括大學生、研究生、年輕教師,雜誌開闢一個欄目,叫"年輕哲學家園地"。

我們編輯部為自己提出的一個重要任務是:向我們的哲學共同體通報哲學界發生的事情。雜誌定期通報各地舉辦的學術研討會、會議、大會、賽事("提醒哲學家注意";"有用的資訊","事件與解釋"等欄目)。

眾所周知,10年前,聯合國教科文組織提議每年舉行哲學家日,強調哲學在我們生活中的重要意義。我們在"世界哲學家日"欄目裡發表聯合國教科文組織舉行哲學日的大量資訊。"論文答辯"欄目包含哲學學科的副博士和博士論文的摘要資訊。

"書評與內容簡介"欄目介紹哲學領域新出版

的書籍，"哲學新書"介紹最近一個季度出版的新書，以及我們哲學協會主席團資料室裡現有的書籍。

哲學協會會員特別看好的是，在雜誌裡發表新觀點和有爭議的材料，報導哲學大會和比較重要的學術研討會的結果，對哲學書籍和教科書進行評述，還有哲學遺產、詩歌、幽默等欄目。

因此，我們的雜誌有個好名聲，"俄國哲學的鏡子"，因為在其中反映了俄國和國外哲學生活的全部多樣性。而且，所有材料都是協會會員寫的，他們生活在俄國各地和國外。在我們雜誌裡經常有中國哲學家發表作品，比如安啟念教授，張百春教授，趙岩博士等等。他們的名字現在在俄國為人所熟悉，甚至遠揚俄國之外。

每期《通訊》出版後，都要用俄文和英文做內容提要，放在哲學協會的網站上，同時寄送給俄國和國外的組織，包括國際哲學協會聯合會，國際哲學教授聯合會等。因此，俄國哲學協會及其雜誌在俄羅斯和國外獲得了廣泛的知名度。

俄國哲學協會創辦的歷史

如果談到哲學協會存在的40年歷史裡所發生事

件和轉變的內容的話,那麼可以區分出兩個時期:

—從1985年到1990年中期;

—從1996年至今

第一個時期對俄國哲學而言,完全可以和俄國在另外一個時期的大致同樣的時間段裡發生的事情相對比,這就是從1905-1907年十月革命的事件開始到1922年驅逐"哲學船"事件。在蘇聯解體前以及解體之後,和在1917年革命時的情況一樣,外部狀況發生了劇烈改變,哲學思想的內容也是如此。差別只在於,這一次事件的發生似乎是在相反的方向上。當時(十月革命前後)的情況是哲學思想最後被意識形態給壓制了,現在的情況是哲學重新擺脫了意識形態的庇護。

要理解這些變革的動態進程和趨勢,最好是看看哲學協會最近20年的活動。根據具體的材料(事件、事實、資料),不但可以直觀地看到轉折的時刻、衰落和增長的線索,而且還可以看到現代俄國哲學發展中的質的變化,它與社會生活的聯繫,與公民社會發展的聯繫。

因此,如果從這個觀點來看待過去,那麼可以指出，到1980年代末，蘇聯哲學協會每年大約舉辦150次哲學學術活動，每五年舉辦一次哲學代表大會，其主要任務是解決組織問題。還有積極的出版工作，每年出版6期哲學協會的"資訊材料"。在蘇聯解體後，在1990年代上半葉，這個活動幾乎等於零。蘇聯哲學協會重新登記為俄國哲學協會，包括由此導致的一系列後續工作，比如繼承國際哲學協會聯合會的成員資格。但是，在這個時期，嚴肅的工作還談不上，因為當時占統治地位的是對哲學的懷疑（很多人由於慣性把哲學等同於馬克思主義）。就是對於受過哲學教育的人而言，當時他們正為生存而鬥爭，因此經常顧不上哲學，儘管在那個艱苦的年代，哲學思想依然沒有停止工作。

在這個背景下，有一個例外是第19屆世界哲學大會，在其幾乎一百年的歷史上第一次在莫斯科召開，那是1993年8月。在這裡應該注意到，在俄羅斯召開世界哲學大會的決定是在布萊頓第18屆世界哲學大會上通過的。當時在蘇聯，以及在其他國家都對"改革"的浪潮著迷，並盡力促成改革。大會似乎是"借助慣性"而召開的，在原則上新的條件下召開的，1991年的事件（取消了蘇聯共產黨政權，使哲學擺脫了意識形態的庇護）已經過去，但是，1993年秋天尚未到來，就是向議會大廈開火將結束政權危機。

因此，儘管大會的地位是世界性的，但實質上卻發揮了另外的重要功能，這是相對於俄羅斯歷史而言的功能。世界哲學大會似乎成了整個蘇聯哲學時期的最後一個路標。蘇聯哲學當時陷入深刻的危機，然而，它實際上沒有在這個國際盛會的影響下而經歷任何明顯的轉變。

還需要大約兩年時間，到1996年初，在俄國才出現哲學生活復興的第一批可以感覺到的徵兆。到這個時候，在政治、經濟和社會領域裡已經出現一些穩定，這就決定了人們對哲學的額外興趣。

第一，在改變了的條件下，以前的社會方針和價值指向喪失了自己的意義，取而代之的是新的方針和價值，因此，需要確定和形成這些新的方針和價值，但是沒有哲學的參與，實際上這是不可能的。沒有哲學也不能談論民族理念，在當時，對這種理念的需求是可以非常明顯地感覺到的。換言之，針對哲學，出現了新的社會需求，這種需求明顯地表達了人們對哲學的客觀需求。

第二，在教育領域裡，在更大程度上與以前意識形態相關的那些學科的講授方式最需要徹底的變革，顯而易見，其中首先就是哲學。

關於當時哲學的狀況，可以根據一系列非常典型的指標來衡量。其中之一就是1990年代下半葉在高校裡開始的哲學講授過程。哲學講授方式或者是"按照慣性"，或者是採取"試錯法"（錯了再改）。舊的教學大綱和教科書已經不適用了，但是除此之外根本還沒有其他的。1989年出版了蘇聯時期最後一套兩卷本的《哲學引論》教材，主編是弗洛羅夫。從這個時候起，直到1995年，高校哲學課的講授都是根據這部教材進行的。老師和學生在一定程度上選擇教學材料的第一次可能性只是在1996年初才出現，當時出版了第一批，有時候甚至是"不成熟"的教材和教學參考書，這是在沒有新的教學大綱的情況下寫成的，但是，它們已經考慮到了1994年8月通過的國家教育標準。我們提前指出，最近一些年來，哲學方面的教學參考材料數量急劇增加，今天，這樣的出版物已經不止幾十種。其中一批教材多次再版，這是毫無疑問的進步，哪怕是從文獻品質改善的角度看，也是如此。

但是，在當時，1990年代中期，不但哲學文獻缺乏，而且總體上教學過程的方法論保障也是非常不充分的。

積極創造工作的開始

協會的主席團收到從全國各地區提交上來的很多建議，希望能夠廣泛討論與哲學教學有關的現實問題。於是，哲學協會與俄羅斯聯邦教育部和哲學研究所一起，在1996年3月舉行了一次全國會議，主題就是"高校哲學教學問題"。參加會議（有人不相信會議會成功，而且這樣的人很多）的有200人左右，他們來自俄羅斯各地區。此次會議成了我國哲學界最近十年裡最大的事件。會議的大量材料得以出版並發送到各高校。這些材料在當時不但發揮了重要的方法論功能，而且還扮演了世界觀的角色。

這次會議的重要意義還在於，在蘇聯解體後，它第一次表明了對俄國哲學力量進行整合的真正需求，協調舉辦大規模哲學論壇的必要性。當時，首次提出這樣的建議，就是要最大限度地依靠地方的力量來實現上述想法。對俄羅斯而言，解決這個問題具有原則意義，因為蘇聯政權時期社會生活的所有領域過分中央化使得莫斯科具有了極其特殊的地位，包括在哲學領域也是如此。在莫斯科以外所發生的事情被理解為某種次要的、不嚴肅的，具有外省特徵和不發達特徵的。顯然，這個情況經常引起外省同行對莫斯科哲學家們的不友好態度。這一情況還可以解釋暗中的對抗，比如在兩個首都的哲學家中間出現的那種對抗：聖彼德堡和莫斯科。

作為創造根源和公民積極性根源的俄國哲學大會

第一屆全俄哲學大會。當有人提議在聖彼德堡以其大學為基礎召開第一屆全俄哲學大會時，這個建議被看作是擺脫中心主義和強制操縱，並在俄國哲學界引起了廣泛的讚譽。大會於1997年6月4-7日在聖彼德堡舉行，主題為"人--哲學--人道主義"。此次哲學大會立刻就表現出自己不平凡的特徵。

的確是如此，甚至對那些懷疑主義者而言，這個不平凡的特徵也是非常明顯的。在大會開幕的當天，在聖彼德堡市最好的大廳之一召開全會，有1200多人參加，他們代表了俄羅斯的大多數地區，還有國外的代表參加。需要指出的是，俄國哲學在自己的歷史上，從未有過這種規模的哲學家聚會。

大會組織的非常好，有15個分會場，5個座談會和10個圓桌會議，討論熱烈。大會工作引起與會者的積極興趣，並形成最終意見，這個意見不僅僅肯定了大會籌備工作，而且還指出其較高的學術水準。重要的是，在大會開始之前，已經出版了7卷的報告集，其中的作者除了哲學家外，還有人文學科、自然科學，甚至技術學科領域的代表。

儘管大會籌備工作並不是在所有方面都那麼順利，但是我們畢竟達到了主要目的：克服了針對哲學及其影響社會生活的可能性的懷疑主義和冷淡情緒。現在，時間已經過去很久了，可以確信地說，不但就自己的規模、組織水準、當時討論問題的深度以及日程的充實程度而言，而且就反響、對社會意識的作用而言，聖彼德堡的哲學大會成了在俄國社會精神更新方面發揮了獨特作用的重要歷史事件。在這個意義上，聖彼德堡全俄哲學大會完全可以與上邊提到的第19屆世界哲學大會相媲美。

這兩次相距四年的哲學大會實際上是在原則上不同的時代舉行的：世界哲學大會是在沒有公民社會的情況下召開的，當全俄哲學大會召開的時候，公民精神和公民情緒已經為自己開闢了道路。這裡有自己的邏輯，甚至是某種象徵。這一點可以在最後決議中看出來，還有第一屆全俄哲學大會參加者給文化、科學、藝術活動家們的公開信，給俄羅斯知識份子的公開信，在這裡，與會者表達了對社會精神健康及其基礎價值的深刻關注。比如在這些檔裡強調指出，在俄國社會精神裡佔據主導地位的是古老遺跡與最新神秘主義的奇怪混合物，通靈術和超正常（科學無法解釋）的觀念和期待的混合物，它們與常理、習慣和保守思想參雜在一起。大會與會者支持保護俄國文化復興的優先價值。他們呼籲我國廣大知識份子階層和哲學界從人道主義角度出發促進俄國文化和哲學思想的發展，贊同在俄國哲學協會旗幟下定期舉辦哲學大會的想法。

此外，與會者還曾表達過這樣一個願望，就是在我國不同地區舉辦哲學大會，首先考慮這樣的哲學中心，在那裡，對召開這樣的會議有充分的準備，而且這樣的事件在那裡能夠最大限度地促進俄國哲學思想的發展，提高哲學文化的一般水準，包括地方的和整個俄國的。

這裡還要指出，從蘇聯時期開始，俄國就形成了四個大的哲學中心：莫斯科、聖彼德堡、葉卡捷琳娜堡和頓河上的拉斯托夫。在這些城市的大學裡有強大的哲學系，它們培養了職業哲學隊伍。正是這一點預先決定了以後幾屆哲學大會的舉辦地。但是，籌備和舉辦這些哲學大會，首先是俄國哲學協會的任務。

第二屆全俄哲學大會。考慮到在烏拉爾地區、西伯利亞和遠東，培養哲學隊伍方面的最大中心是葉卡捷琳娜堡，因此我們決定在那裡舉辦第二屆全俄哲學大會。大會在即將離去的那個一百年的最後一年舉辦，即1999年6月7-11日，這也反映在大會主題上，"21世紀：哲學維度上俄國的未來"。大會開幕式在該市的一個最大的大廳裡舉行，就是輕音樂劇院，在這裡，大約有8百人參加開幕式，他們來自俄國73個城市，還有來自烏克蘭、白俄羅斯、立陶宛、中國、德國、紐西蘭、美國、南斯拉夫的學者。在哲學大會開始之前，已經出版了8卷的會議材料，其中收入了2千多個發言提綱。

大會議程非常廣泛，包括三次全會，24個分會和26個圓桌會議。分會工作包括哲學的傳統領域：本體論、認識論、倫理學、美學、社會哲學、哲學史、哲學人學、政治哲學等等，還有比較新的方向：生態哲學問題、技術哲學、教育哲學、人文科學的哲學等等。很多分會的討論經常以非常有趣的思想和建議結束。有幾個分會場表示要制定新的教學課程，比如法哲學、教育哲學等。有人表達過這樣的願望，即在大會之後繼續保持各種形式的交流，比如，哲學協會會員可以更積極地參與學術會議和就哲學各方向常設的學術討論（比如，經濟哲學，成人教育哲學等）。還有這樣的建議：在哲學協會框架下成立某些哲學方向的理論分會，比如，技術哲學、教育哲學、科學哲學與方法論等。還有人提到有必要在協會的名義下出版全國各地區哲學家的文集。

因此，這次大會成了20世紀末俄國哲學生活中的最重大事件。

在本次大會框架內還舉行了俄國哲學協會全體成員大會（組織工作會議），來到葉卡捷琳娜堡參加哲學大會的所有哲學協會成員都參加了這次全體成員大會。與會者認為，俄國哲學協會成了很好地組織起來的科學共同體，其發展比較有活力。很多發言人都指出，哲學協會高效率工作的結果是，在俄國各地區相對比較積極的哲學家之間已經建立了穩定的聯繫，展開了廣泛而富有建設性的思想和資訊的交流，等等。

第三屆全俄哲學大會於2002年9月16-20日在俄國最大的哲學中心之一——頓河上的拉斯托夫召開，主題是"第三個一千年門檻上的理性主義與文化"。登記註冊的與會者達850人，來自俄國45個城市，以及國外的9位代表，包括4名美國人，3名德國人，1名中國人，1名南斯拉夫人。和以前一樣，大會的材料在大會工作開始之前已經出版（三大卷），大約包含2千個報告提綱。

全會是在頓河上的拉斯托夫音樂劇院（城市的最好大廳之一）裡舉行。大會分會場、圓桌會議、討論會、工作會晤等，舉辦場所由國立拉斯托夫大學和該市其他高校提供，還有中央圖書館。此次大會有自己的特點，但就工作形式和內容而言，就自己的結果而言，整體上，它和前兩屆（1997年聖彼德堡，1999年葉卡捷琳娜堡）是一樣的。大會取得積極成果，這個事實徹底鞏固了定期在俄國各地區舉辦全俄規模哲學論壇的傳統。

本次哲學大會的特點不但在於組織和舉辦這個規模的大會對於拉斯托夫人而言是完全新的，在很多方面是前所未有的事件，而且首先在於，在整個俄羅斯哲學的歷史上，哲學大會第一次在我國南方，在北高加索地區首都舉辦，這裡有強大的哲學學派，相應的哲學系——它是最大的理論知識和哲學隊伍培養的中心。此外，北高加索是最重要的地理戰略地區，在這裡積累了非常嚴重的社會和政治問題。所有這一切都不但引起了職業哲學家們的興趣，而且科學知識其他領域的代表們，社會活動家、政治家，以及拉斯托夫州和北高加索地區領導人對本次大會也非常關注。他們表現出明顯的興趣，希望俄國哲學家及其智慧和創造潛力能夠有利於解決該地區的問題。

當然，對我國所有哲學家而言，特別是對拉斯托夫的哲學家而言，這次大會不但是重大的節日，而且也是巨大的責任，因為在社會上已經積累了很多現實問題，它們也要求哲學上的反思。在拉斯托夫的聚會是一次很好的機會，對一些人而言，這是展示的機會，對另外一些人而言則可以瞭解在俄國各地方上都做了哪些工作。對拉斯托夫的大學生、研究生、年輕教師而言，這也是一次難得的機會，他們在大會上展示自己的創造力量，與著名學者交流，而且不僅僅是俄羅斯的學者。

在大會框架下還舉辦了專門會議，推介十多種目前在俄國出版的中央和地方級別的哲學雜誌。

大會工作期間還舉辦了哲學學術研究與教學文獻展覽，包括《哲學問題》、《俄國哲學協會通訊》、《科學學》、《哲學與社會》、《索菲亞》，《波斯（Персия）》、《高加索科學思想》、《北高加索高校消息》等定期哲學方面的出版物。

本次大會的基本目的是搞清楚俄國哲學思想當代狀況的圖景，確定其在我國生活中，在世界和現代科學中的作用，跟蹤未來哲學和哲學教育的發展趨勢。在這裡舉行的這些見面和討論有助於擴展個人之間的創造接觸和聯繫，同時也擴展了我國各地區哲學系的合作。

拉斯托夫哲學大會為思考當代俄國社會精神文化中的哲學與哲學反思問題提供了良好動力。其重要結果是這樣一個事實，來自於社會方面（不僅僅是學術界）對哲學的興趣自身畢竟開始了向好的方向改變，儘管這個改變是緩慢的、逐漸發生的。

第四屆全俄哲學大會於2005年5月在莫斯科大學舉行，主題是"哲學與文明的未來"，大約有2500人參加本次大會。

俄羅斯總統普京給大會與會者發來致辭。他指出，論壇集合了各學派代表以及俄國和國外重要學者，其使命是嘗試探討現代文明發展的現實問題、趨勢和前景。他說，今天我國人文科學知識最需要的一個方向是反思俄羅斯在世界聯合過程中的角色和地位，在全球化條件下保護民族和文化的獨特性。這個話題恰好是大會期間很多爭論和討論的對象。會議討論所取得結果的主要實質表述在最終決議裡。決議指出：俄國哲學面臨的任務是保護這樣一些特點，它們賦予俄羅斯文化以絕無僅有和不可重複的特質，使得俄羅斯文化和哲學，音樂和科學具有了世界知名度。如果我們在全球化進程中能夠保護我們民族的和文化的獨特性，那麼我們就可以穩居強國之列。因此，延續民族哲學傳統，創造地發展偉大的俄國哲學家們的遺產，具有非常重要的意義。

大會與會者強調，承認另外一種文化和信仰的價值的前提是尊重自己民族文化和信仰，反之亦然。他們認為，強制地推行統一的文明模式對人類進化是災難性的。只有在尊敬他人宗教和文化身份的情況下，信仰和文化方面對話才能自由地進行，創造地發展。

此外，與會者還表達了對俄國教育體制的擔

憂。倉促的和沒有考慮好的改革可能給俄國教育體制及其普適性和基礎性帶來難以消除的害處。他們表示，希望保留高校哲學和政治學學科板塊課程的教學，因為它們是人文學科和自然科學知識各領域裡的基礎學科。他們還指出，類似全俄論壇對聯合俄國哲學界，確定我國哲學戰略任務具有重要意義，呼籲俄國哲學家們要意識到自己面對國家事務的責任，呼籲社會把哲學看作是其健康發展的必要工具。

第五屆全俄哲學大會

本次哲學大會於2009年8月25-28日在新西伯利亞召開，主題是"科學。哲學。社會"。大會第一次在西西伯利亞召開，當地狀況反映在了本次論壇舉行的一些特徵上。比如，大會與會者數量不是太多（大約1000人），因為新西伯利亞離主要哲學中心比較遠，另外，8月底也不是舉辦學術會議的最好時間。

本次大會之所以選擇這個主題，是因為新西伯利亞是著名的科學城，在這裡自然科學和精確科學獲得了顯著發展，但是，人文方向表現得非常弱。在這裡，分析哲學、邏輯學和自然科學的哲學問題等領域獲得積極研究，這就給本次大會賦予了相應的色調。比如，圍繞"哲學是不是科學"展開了激烈爭論。還應該指出的是，對這個問題的回答在很大程度上決定著哲學研究的特徵，哲學講授的過程。比如，在圍繞俄國教育體制的改革，教育政策的戰略及其與地緣政治的密切相互聯繫的討論中，都提到了上述問題。我國教育改革是在教育全球化背景下，加入博洛尼亞過程的背景下討論的，這就要求保留俄羅斯聯邦各民族的自我認同。大會與會者認為，目前所執行的教育體制改革迫使我們一次又一次地研究教育體制民主化的問題，針對社會不同階層的社會公正問題，文化的人道化問題，民族政策問題，學校相對於教會的獨立性問題，個性的權利、義務和自由的問題。

還有一個主題引起了人們的特別關注，它涉及到俄國的國家建制。來自新西伯利亞的季耶夫（Диев В.С.）教授和來自下諾夫哥羅德的庫特列夫（Кутырев В.А.）教授建議，不要在莫斯科和彼得堡之間搞權力分割，而是用權力來統攝亞洲領土，那裡有豐富的資源，這是個經濟活動不斷增長的領域。他們認為，"作為首都"，西伯利亞是個非常理想的地點。當局自身很難離開住慣了的地方，因此，必須製造相應的社會輿論，使之對政黨產生影響。這是哲學應該擔當的直接的意識形態任務，是其權利和社會責任。

來自俄羅斯聯邦馬里共和國（伏爾加河中部地區）的著名教授馬斯利欣（Маслихин А.В.）對本次大會的結果作了一個有趣觀察。他注意到，與前幾次哲學大會相比，從內容上看，在本次大會的報告裡可以聽到更多唯心主義觀念。這些觀念在以前看來都是異己的東西，但是現在人們已經可以理解它們了。而且，堅持科學哲學（научная философия）線路的人為數不多，堅持辯證唯物主義範式的報告則是極其罕見的。然而，多元主義社會的原則就是這樣，我國的哲學就是多元主義社會的一部分。

作為對上述哲學大會的補充，還可以談一談彼得堡哲學日，每年的11月份在彼得堡舉行，已有十年了。實際上，這是小型的哲學大會。另外，第六屆全俄哲學大會"當代世界中的哲學：世界觀對話"將於今年的6月27-30日在下諾夫哥羅德舉行。

綜上所述，我們就全俄哲學大會作出如下結論。

第一，對哲學大會的意義，怎麼評價都不為過，因為如果沒有與同事們的創造性的聯繫、接觸和經驗交流,如果沒有可能在活生生的對話中與同事們一起"鑒定"新的觀念,傾聽其他人的思想(可以認同這些思想,也可以與之進行討論、爭論),那麼,哲學思想不但無法獲得發展,甚至都不能存在。因此,哲學大會在整合俄國哲學界所有健康力量方面發揮了獨特的重要作用,給哲學發展提供了新動力。

當然,在哲學大會上沒有通過必須執行的決議。因為哲學大會首先是思想的交易會。您來參加哲學大會,帶著自己的一兩個思想,希望與別人分享它們,當您離開的時候,可以帶回去大量的思想。這類論壇的價值就在這裡。有一個寓言:如果我有一個蘋果,你有一個蘋果,我們就可以交換,我們依然是每人一個蘋果。但是,如果你有一個思想,我有一個思想,我們交換一下,那麼,我們每個人就會擁有兩個思想。在哲學大會上,有太多的思想。

第二,哲學大會之所以重要,因為這是對民族哲學思想發展作出一般結論的一個好機會。這些大會提供一種可能性,就是把所獲得結果與世界哲學最優秀的典範對比,指出理論研究中有前景的方向,最後提出這樣的問題:人們現在所做的事情,能夠做的事情,應該做的事情,到底有什麼實際意義。這就是為什麼在哲學學派和傳統比較強的那些國家裡，必然都要舉辦各種哲學會議、學術會議、國際會議、圓桌會議等等。

第三，根據五次全俄哲學大會的結果，可以確信地說，在一切方面，哲學大會都成了我們文化中獨特的路標，毫無疑問，它們影響了俄國哲學家們自我意識的成長。儘管組織和舉辦這些活動總會遇到很多重大的困難，但是，這裡畢竟形成一個堅定的信念：全俄哲學大會應該定期舉行，而且未來還是應該在我國不同地區舉行。

與此同時，還需要指出的是，我們看到的不但是我國哲學活動的積極結果，而且還有一定的問題。比如，俄國哲學協會組織的哲學大會、研討會以及其他活動暫時對哲學共同體以外所發生事情的影響還很弱，因此，它們還沒有引起那些不是專門研究哲學的人對哲學應有的興趣。當然，我們理解，哲學的影響不是立即就能表現出來的，也不是在明顯的形式裡表現出來。但是，不能不考慮到這樣一個情況，那些有能力在今天給哲學以支持，但卻不做的人，其中的一個原因就是他們對哲學瞭解不夠充分，不知道哲學在社會中的重要作用。

俄國哲學協會的國際活動及其立場的鞏固

俄國哲學協會的國際活動值得專門注意，因為協會在國際層面上有很好的聯繫和積極的接觸。只要指出這樣一點就夠了：在俄羅斯之外的很多國家裡都有俄國哲學協會的分部和個體會員：烏克蘭、白俄羅斯、吉爾吉斯、哈薩克、格魯吉亞、摩爾達維亞、拉脫維亞、愛沙尼亞、美國、德國、希臘。就實質而言，俄國哲學協會是個國際組織，這一點也反映在其當前的工作中。

比如，除了定期在《通訊》上發表國外作者的文章外，哲學協會還與國際哲學協會聯合會密切接觸，而且是作為正式成員加入其中的。此外，哲學協會還與國際哲學教授聯合會保持聯繫。這兩個組織（國際哲學協會聯合國和國際哲學教授聯合會）定期在自己的雜誌上用英文發表《俄國哲學協會通訊》的內容摘要，我們每個季度為它們提供內容摘要。

相互作用和交往的網路為哲學協會提供了舉辦大規模活動的可能性，這些大規模活動在俄國哲學協會之外，在《通訊》的資訊域之外，都是不可能的。我們組織了從新西伯利亞到伊斯坦布爾往返的"哲學船"（2003），從莫斯科到希臘的學術考察（2005

年），從第三羅馬（莫斯科）到第一羅馬（義大利）之行（2007年），從弗拉基沃斯托克到莫斯科的"哲學列車"（2008）。

世界哲學大會

如果不談談俄國哲學家參加世界哲學大會的工作，那麼對俄國哲學生活的分析，以及對俄國哲學協會活動的分析將是不完整的。從1900年起，世界哲學大會每五年舉辦一次。從俄國哲學協會的工作來看，最近三次世界哲學大會具有特別典型的意義。

第20屆世界哲學大會於1998年在美國波士頓召開，主題是"潘迪亞：人性教育中的哲學"。"潘迪亞"是古希臘哲學裡的一個術語，它的意思是對人的和諧教育，包括體力的、理智的、道德的、精神的教育。因此，在這次大會上對這樣一些問題給予了很多的關注：什麼是哲學？今天應該如何教哲學？哲學如何能幫助教育？

俄國哲學家第一次不是在國家的庇護和監督之下去參加世界哲學大會。來自俄羅斯的參加者比以前任何時候都多（大約60人），而且幾乎比前蘇聯共和國所有國家的參加者總和還多了五倍（因為他們總共只有10人左右)。來自俄羅斯的哲學家們積極地參加了很多分會場和圓桌會議的工作,還和美國哲學家們一起組織了共同會議,在這裡,有很多國家的學者參加,俄國學者與國外學者進行對話,探討哲學家在保衛當今世界安全方面的責任。在這次大會上,俄國哲學首次在世界哲學界從各方面獲得廣泛的呈現。

第21屆世界哲學大會的主題是"面對世界問題的哲學",於2003年8月在伊斯坦布爾召開。俄國代表團有150人,他們從新西伯利亞出發,乘坐為此目的專門包租的一條船"瑪利亞·葉爾莫洛娃(Мария Ермолова)"號。然後,為了紀念八十年前的"哲學船"被驅逐俄羅斯的事件,我們舉行了象徵性的"哲學船"返回祖國的儀式。

俄國哲學家不但在數量上,而且就內容而言也在這次大會上獲得表達,這也是前所未有的。此外,"哲學船"回到了祖國。當然,不是十月革命後不久把俄羅斯知識份子帶到異國他鄉的那條船,當然也不是那些哲學家,返回來的甚至不是他們的後代。但是,相距八十年之久的事件之間的聯繫是毫無疑問的,"哲學船"的返回不但是實際的事件,而且也具有象徵意義。我們知道,1922年,一大批俄國哲學家被遣送出國，不允許返回，否則面臨槍決。他們是：別爾嘉耶夫、舍斯托夫、洛斯基、卡爾薩文、伊利因、弗蘭克、柯熱夫尼科夫（柯熱夫）、索羅金、伊茲戈耶夫、維舍斯拉夫采夫等等。他們不接受布爾什維克的意識形態，是思想上的異己。他們被遣送出國，而且是用為此專門租用的大船。後來，歷史學家給這個對我國科學和文化而言的悲劇驅逐事件以"哲學船"之名，儘管除了哲學家外，當時驅逐的還有經濟學家、歷史學家、政論家、記者、出版者。

從那個時候起，"人才流失"對俄羅斯而言是個嚴重的問題，至今依然是個很現實的問題。認識其原因，終止這個"流失"的趨勢，最好是能夠使之向相反的方向發展，這是我們的重要任務。正是基於這個原因，1990年代末，第21屆世界哲學大會的主題確定為"面臨世界問題的哲學"，舉辦地選擇了伊斯坦布爾，那時我們就有了一個想法：讓"哲學船"返回到俄羅斯。此外，鼓舞我們的不是（乘船）去開會的獨特方式，而是這樣一個想法，即利用絕無僅有的機會對俄羅斯歷史進行正確的評價，吸引人們關注解決人文科學裡的問題。於是，我們專門租了一條船，這條船同時也是一個非同尋常的創造實驗室（在船上舉行了多場討論、談話和研討），是返回祖國的"哲學船"的象徵，也是這樣一個見證，即現代俄國哲學思想在多年的衰落和停滯之後，呈現出明顯復興的標誌，甚至是明顯高漲的標誌。

重要的是指出，到21世紀初，俄國的科學和哲學在全球問題和當代世界全球化過程的研究領域取得了顯著成績。俄國哲學家們根據大會主題（面臨世界問題的哲學），認真地準備參加大會。比如，大會開始之前兩年，在俄國學者們的積極參與下，展開了準備和出版國際跨學科百科全書《全球學》，英、俄文同時出版。這個出版計畫成功地獲得實現，並得到世界哲學共同體的應有評價。這部百科全書最終聯合了28個國家的445名專家學者。對這部百科全書的討論被納入到世界哲學大會的主要程式，在這裡，百科全書非常成功地獲得了推介。

正是上述情況，加上帶著特殊使命去伊斯坦布爾的"哲學船"，它們使得俄國代表團參加世界哲學大會不僅僅是個重大的事件，而且是國際規模上的特殊事件。

第22屆世界哲學大會於2008年8月在韓國首爾召

開,主題是"反思當今的哲學"。俄國代表的主體部分有組織地乘坐俄航去首爾參加會議。俄國哲學協會組織集中居住,住在一個不錯的旅館裡。在哲學大會上,有150多名來自俄國40多個地區的哲學家成為報告人和發言人,出席了絕大多數的分會場、研討會、圓桌會議、專門會議。

哲學大會結束後,有85個俄國協會會員和幾位元外國哲學家一起組織乘坐汽車從首爾去束巢,從那裡乘坐輪船到達符拉迪沃斯托克(8月8日)。然後是兩周的文化和學術考察活動,這個活動獲得一個名稱——"哲學列車",我們租用四節可以摘鉤的火車車廂,在兩周裡從符拉迪沃斯托克駛向莫斯科,中間停靠的城市有:哈巴羅夫斯克、赤塔、烏蘭烏德、伊爾庫斯克(我們去了貝加爾湖)、克拉斯諾亞爾斯克、新西伯利亞、葉卡捷琳娜堡和喀山。在這些城市裡,除了文化考察活動外,還舉辦了學術會議,圓桌會議,與哲學界同行的見面。

我想特別強調一下,在"哲學列車"的外國參加者中間,有兩位中國教授,他們是來自北京師範大學的劉孝廷教授和張百春教授,所到之處都邀請他們作報告。他們積極參加了很多學術討論和研討。

遺憾的是，當時在格魯吉亞發生戰事，還有北京的奧林匹克運動會，因此，俄國大眾媒體沒有對此次絕無僅有的俄國哲學協會的計畫進行應有的關注和報導。但是，在地方層面上，在列車經停的城市，所有活動都是在最高水準上進行的。

這個龐大規劃的一個結果是國際學術界對俄國哲學的關注獲得了提升，國際聯繫獲得鞏固，西伯利亞和遠東地區的哲學生活顯著地活躍起來了。

俄國哲學家參加世界哲學大會的簡單結論

第一，世界哲學大會通常都關注最現實的問題，它們有普世特徵，會議參加者一般都在2500-3000人。在會上解決的是具有世界意義的重要問題，勾勒未來的前景。但是，其主要價值大概就是，在這裡不但可以弄清楚哲學事業現狀，比如在當代法國、希臘、美國、俄羅斯、中國或德國的哲學的現狀，而且還可以與自己感興趣的人確立私人聯繫，比如在其他國家研究同樣問題的人。

第二，應該指出，在世界哲學大會上，俄國哲學家通常要比其在前蘇聯（獨聯體）國家的同事表現得更好。問題不在於他們人多，或者他們有更好的物質上的可能性，而是在於俄國哲學家們在資訊和組織方面"武裝"得更好，首先是由於有俄國哲學協會。在今天，資訊是最重要的資源。哲學協會所有成員定期和及時地獲得關於所有未來即將舉行的學術活動的全部資訊，瞭解各類基金會和其他獲得資金支援的途徑，以實現自己的學術規劃。此外，哲學協會的每個成員都可以通過協會主席團解決問題和困難，比如說，當涉及到提交報告提綱，解決交通或其他問題的時候，就是如此。

第三，現在我們正為參加第23屆世界哲學大會作準備。這次哲學大會將於2013年8月4-10日在希臘的雅典召開。我們計畫不僅僅是積極參加其工作，而且還打算自己主持一系列分會場和圓桌會議。因此，我們也建議中國同事與我們一起組織分會場和圓桌會議。我們有一定的經驗和必要的聯繫，很願意分享它們。比如，和在前幾次世界哲學大會上一樣，這次我們還打算組織全球化問題的圓桌會議，我邀請中國學者積極參加。

最後有這樣一個想法，我希望我們能夠成功地實現它。為了去希臘參加會議，和以前幾次一樣，俄國代表團打算有組織地去參加會議。也許我們會租條船,也許是坐火車或飛機,現在我們正在解決這個問題。

俄國哲學協會在公民社會發展中的作用與任務

在談到現階段俄國哲學協會時,可以也應該在我們生活於其中的那些現實背景下談。因為如果我們生活中的社會政治、經濟或文化組成部分在哲學裡找不到應有的反映,那麼這樣的哲學除了哲學家自己之外,未必能夠嚴肅地引起別人的興趣。這還是比較不錯的情況。事實上,對待脫離實際生活的哲學的冷淡態度,很容易變成懷疑的、諷刺的態度,有時候甚至是消極的,如果提出這樣的問題,比如,哲學在教學過程中,或對正在成長的一代人的教育事業中的作用如何。

在現代俄國,人文科學,包括哲學,依然處在艱難的狀態。但是,這些學科在世界觀形成,青年教育,在對廣大居民啟蒙的事業中,在公民建制形成的過程中,幾乎發揮著核心的作用。因此必須利用包括像俄國哲學協會這樣的職業組織,才能理解這一切,並根據自己的力量和可能性來採取行動。除此之外,俄國哲學協會這個組織自身也是公民社會的重要因素

（其實，從上邊的討論中就可以理解這一點），它有責任對這個重要主題進行理論反思。

正是俄國哲學協會在最高的理論層面上提出和解決公民社會問題，沒有公民社會，俄國的未來和前景將是成問題的。為什麼？因為任何有關民主的討論，如果離開了公民社會，那麼都會變成經院哲學，因為只有在公民社會裡才可能有民主。

通向發達公民社會的道路不可能是簡單的和快速的。為此需要出現大量的私有者階層。換言之，需要出現中產階級，它其實是任何公民社會的"脊樑骨"。

此外，重要的是強調，公民社會和民主是一個硬幣的兩個方面，一方沒有另一方是不能存在的。在嘗試克服現代財經和經濟危機的時候，考慮到這一點尤其重要。

但是，公民社會、民主和危機之間有什麼聯繫呢？有最直接的聯繫，儘管不是那麼明顯的聯繫。市場經濟是這樣建立起來的，危機是其組成部分。這些危機時常會教訓那些過分"糟糕"的貿易方式和縱容這種貿易的政治家們，讓他們有"自知之明"。但是，克服危機的主要重擔實際上由廣大民眾來承擔。所以，從每個國家的立場來看，包括俄羅斯，應該把危機劃分為外部的和內部的。

如果說到外部危機，那麼這裡的情況首先依賴於主導的世界強國，如果在這些國家裡不發生積極的變革，那麼世界的處境就無法改進。

內部危機首先是國家的社會政治建制問題，在這裡，公民社會和民主的問題是主要問題。危機是可以克服的，如果不是徹底克服的話，那麼也可以在很大程度上使之弱化，假如絕大多數居民都能參與到克服危機的這個過程的話。為了解決社會所面臨的問題，廣大居民不但應該感覺到解決社會所面臨問題的必要性，而且還要感覺到個人利益也在其中。但是，他們首先應該有私人財產，這是公民社會的基礎。如果沒有私有財產，那麼人們沒有什麼可以損失的，也沒有必要為什麼而鬥爭了。

因此，**由獲得私有財產到自由；由自由的人到公民，其結果就是公民社會；由公民社會到民主；由民主到危機的克服。實踐的道路就是如此。**

在理論上，達芬奇就曾正確地指出過，在觀察結果的時候，我們認識的是原因的實質。在理解了原因後，我們就認識了結果的實質。因此，圍繞"危機的底線在哪裡？"的問題，在我們周圍有那麼多爭論。該到我提出這樣一個問題的時候了：從中可以看到危機底線的頂峰在哪裡？

我覺得，這個頂峰恰好就是哲學，如果針對我們的主題，那麼，這個頂峰就是俄國哲學協會。

第五章 俄羅斯哲學與人的問題

世界哲學思想研究的所有主要問題在俄羅斯哲學裡實際上都獲得了廣泛的呈現。同時,俄羅斯哲學特別關注人,把人當作自然界最高造物來考察,當作解決所有其他問題的起點。

引言:人是個哲學問題

在俄羅斯哲學史上,人的問題始終是最重要的問題之一。這首先是由俄羅斯哲學的特點決定,還有其原初的人文主義指向,與俄羅斯社會政治生活的密切聯繫。因為任何哲學都反映自己民族的生活,它自身也在這個生活裡獲得反映,如同在鏡子裡一樣,所以,俄羅斯哲學自身也攜帶著俄羅斯文化的印跡,在俄羅斯文化裡,正義和真理(правда)總是獲得很高的評價,此外還有對精神價值的追求和對生命意義的探索。

在人的心靈和意識領域裡的創造探索就由此而來。我們可以在偉大作家哲學家陀思妥耶夫斯基、托爾斯泰那裡找到這些探索,還有偉大文學家果戈理、契柯夫、薩爾特科夫-謝德林,當然還有這樣一些俄羅斯哲學家,如別爾嘉耶夫、卡爾薩文、布林加科夫、弗蘭克、巴赫金、巴基舍夫、比比列爾、馬瑪律達什維利、弗洛羅夫、尤金等等。

另外一方面,在蘇聯政權時代,人們追求實現社會主義和共產主義的觀念,這個時代佔據了俄羅斯哲學史的很長一段時間。這種追求自身與新人的形成和教育有關。新人的世界觀及其道德和價值取向應該符合共產主義的理想,這不僅僅是重要的目的,而且也是來自於國家對哲學的要求。

儘管俄羅斯哲學有其獨特性,但是,無論如何畢竟不能認為俄羅斯哲學是哲學中這個最重要的主題之一(即人的問題)的首先發現者。在自己的研究裡,俄羅斯哲學依靠豐富的哲學史材料,繼續人的研究的偉大傳統,這個傳統的根源在古代,並伴隨哲學思想存在的全部歷史。

人是萬物的尺度

在哲學史裡,實際上找不到這樣的哲學家,更找不到這樣的哲學學派或流派,他(它)們不研究人,不直接或間接地分析人的物質和精神存在的各個方面。很多哲學和宗教體系都把人看作是理解整個世界的關鍵,把人看作是微觀宇宙,或者是小宇宙,讓其與大宇宙、宏觀世界對立。

別爾嘉耶夫(1874-1948)是最著名的俄羅斯哲學家之一,他對人的問題研究作出了特別多貢獻。他寫道:"哲學家不斷地返回到這樣一個意識,猜測人的秘密就意味著猜測存在的秘密。認識自己,然後通過這個認識而認識世界。認識外部世界的所有企圖,如果不陷入到人的內部,那麼,它們只能提供對事物表面的知識。如果從人走向外部,那麼永遠也達不到事物的意義,因為對意義的認識就在人身上。"[24]

別爾嘉耶夫說得很好,也很正確。但是,這個現在依然非常現實的思想在古代東方和古代西方的智者們的言說裡已經是個核心思想了。比如它包含在德爾斐神殿阿波羅廟宇入口處的柱子上印刻的那句話裡:"認識你自己"。這句格言現在也在呼籲每個想要認識世界的人首先要進行自我認識。

歷史上有很多其他說法,它們都見證一個道理,無論時代、文化、信仰如何,人過去是,而且始

---

24. Бердяев Н.А. Смысл творчества. М., 1989. С. 293.

終都將是關注的中心，認識的支點，甚至是認識的標準。

——古代中國哲學家老子就認為："知人者智，自知者明。"（老子33章）

——普羅塔格拉的格言是眾所周知的：人是萬物的尺度。

——基督教導說："神國就在你們中間（心中）"（路17：21）。

——佛教的呼籲："看看你自己，你就是佛"。

——伊斯蘭教裡是這樣說的："知道自己的人，就知道神"。

我們還可以在別爾嘉耶夫那裡找到解釋對人的這種極端興趣的嘗試。"人認識自己先於和多於對世界的認識，因此在自己之後和通過自己才能認識世界。哲學就是通過人而對世界的內在認識，但科學是在人之外對世界的外在認識。在人內部可以發現絕對存在，在人之外，只能發現相對的存在。"[25]

應該指出，從古代起，對人的興趣有時候在增

---

25. Бердяев Н.А. Смысл творчества. С. 296.

長，個別時候有所減弱，但從來沒有消失，更沒有歸於零。"什麼是人？"這個問題現在依然是最重要的哲學問題之一，不但在俄羅斯哲學裡，而且在整個世界的哲學裡也一樣。和以前一樣，這個問題繼續吸引著人類最優秀的思想家，但依然沒有獲得一致的答案和最終結果，更沒有獲得普遍認可的答案和結果。

人的本質

值得注意的是，每當人位於關注的中心時，似乎都在一次又一次地重新發現人，嘗試按照新的方式，在新的視角下，在新的歷史條件下重新思考人的本質。其結果是，可以毫不誇張地說，在哲學裡沒有比人更複雜和矛盾的物件，在對人的評價裡呈現出各種可能的立場，從美好而樂觀的立場，到幼稚而充滿悲觀主義的立場。

人們把人解釋為無限的微觀宇宙——絕無僅有的和徹底完善的存在物，它被賦予了所有的美德，也有人把人解釋為自然界的一個錯誤，他註定要死亡，因為人的本性不完善，有罪惡。有人把人解釋為上帝的造物，還有人把人解釋為其他人活動的產物。

馬克思對人的界定是眾所周知的："人的本質

不是屬於個別人的抽象。就自己的現實而言，人的本質是全部社會關係的總和。" 26

薩特不同意這個說法，他認為，人追求未來，因此他自己創造自己。他斷定："人就是人的未來"。

著名哲學家笛卡爾所堅持的完全是另外一個立場，他認為，"人是能思維的物"。

另外一個法國哲學家和神學家夏爾丹（德日進，1881-1955）說："人不是世界靜態的中心，很長時間以來他就是這樣認為的，人是進化的軸心和頂峰，這樣，人就更加美麗了"。 27

叔本華與他對立，認為人是有缺損的存在物，是"自然界的粗製濫造"。

因此，在兩千五百年的哲學史上，人被賦予了這麼多的別號，這麼多的同義詞，哲學分析的任何另外一個物件都無法與人相比。比如："理性存在物"，"政治動物"，"自然界的最高成就"，"生命的死胡同"，"生命裡虛假的一步"， "製造工具的

---

26. Маркс К., Энгельс Ф. Соч. Т. 42. С. 265.
27. Тейяр де Шарден П. Феномен человека. М., 1987. С. 40.

動物"，"擁有自我意識的存在物"，"道德和自由的存在物"，等等。

之所以出現如此之多的不同意見，首先在於人的本質的複雜性。人的秘密無疑屬於"永恆問題"之列，哲學總是返回到這些問題，而且還將一次又一次地重新返回到這些問題，這是由它們自己物件的性質和特點決定的。在這裡，重要的是關於人的起源問題，這個問題為該領域所有其他的進一步討論確定了方向。如果拋開圍繞"人是從哪裡來的"這個問題所提出的大量意見，只區分出其中最實質性的意見，那麼可以大致地把它們歸結到兩大基本觀念：

一個觀念是：人有自然的起源，人是無生命物質和生命物質自然進化的結果。這個觀念的依據是達爾文的進化論。然而，應該指出，"自然"立場的支持者可以堅持人的大地（比如達爾文）來源，也可以堅持人的宇宙來源。

另外一個觀念是：人來自於超自然的原則，比如，人是上帝創造的結果或者是宇宙理性創造的結果。

在俄羅斯哲學發展的歷史上，不同歷史時期，上述兩個觀念中的某一個會在其中佔優勢。

俄羅斯哲學的一般特徵

我們先提一個問題：一般而言，為什麼在俄羅斯對哲學有這樣的興趣，比如對人的問題有這樣的興趣？俄羅斯不是"古老的"哲學國度，這與希臘或中國不同。但是，俄羅斯哲學學派很快就獲得了自己的面孔，成熟起來，如果可以這樣說的話。到20世紀初，俄羅斯哲學思想已經完全獨立了，其鼎盛時期一直延續到於1922年出發的那條著名的"哲學船"。

對這個問題的回答應該到俄羅斯歷史和俄羅斯哲學發展的特點中去找。俄羅斯哲學發展可以分為三個重要時期：

蘇聯之前的時期（到1920年代初）；

蘇聯時期（1920年代-1991年），在這個時期還應該單獨地區分出俄羅斯哲學在國外的發展（1922年-20世紀中期）；

後蘇聯時期（1991年-至今）。

這些階段相互之間有很重要的差別（下面再談

這個差別），但是它們都有一個共性，它涉及到俄羅斯歷史和整個文化的深刻根源，俄羅斯哲學就以這些根源為基礎，在其上成長起來。

每個國家的哲學都有自己的特點。比如不能說，俄羅斯物理學、中國物理學、德國物理學或法國物理學。但可以，也應該說俄羅斯哲學，中國哲學，德國哲學，法國哲學和很多其他哲學體系，因為哲學把社會生活的所有領域，文化的所有領域都儲蓄和吸納到自身之中，從文學、音樂、電影，直到日常的事務。

俄羅斯有自己不可重複的歷史和豐富的文化，它們滋養哲學思想的發展，在很大程度上也決定了哲學思想發展的特點和方向。這是完全可以理解的，因為在哲學裡反映著相應社會的生活和心智。另一方面，哲學自身也產生許多文化因素。因此，如果離開自己的根源，那麼哲學實質上就不再是哲學了。歷史上有很多這樣的例子，其中一個最悲劇的例子就是流亡的俄羅斯哲學家們，只有在他們保持自己與俄羅斯文化及其歷史的聯繫的時候，他們才能進行積極的創造。

這個問題很重要，我們詳細談談。

關於古俄羅斯的歷史，存在著永無休止的爭論，從最初的一批歷史著作開始就是如此。在編年史著作裡，羅斯在862年被提到，那是諾夫哥羅德人邀請瓦良格部落"羅斯"來治理自己的土地。今天這個問題獲得了很多其他解釋。但此前，在很多世紀裡，俄羅斯人都被暗示，說他們沒有自己的歷史，沒有自己的歷史根源，是更發達的鄰居在治理他們。這個"有缺陷"、"無祖國"的情結長期以來是（在一定程度上現在也是）俄羅斯知識份子討論的物件，包括作家、哲學家、詩人和藝術家。

因此，俄羅斯哲學的一個任務就是打破俄羅斯人"不獨立"的情結；肯定俄羅斯歷史、俄羅斯文化、俄羅斯哲學的規律性、合法性、邏輯性。為此，不但要依靠歷史的材料，而且還有民間口頭創作：壯士歌、傳說、故事和神話等等，其中記載了很多資訊，它們沒有進入到書面文獻裡。這就是為什麼俄羅斯哲學與文學、東正教和民間創作密切地交織在一起。

俄羅斯哲學的另外一個特點在國家的歷史裡。俄羅斯國家的確立在很大程度上是借助于開發新領土，其上曾經居住著各類民族，它們擁有各種不同的文化。由此，愛好和平、和睦相處、合作、交換、友誼、尊重其他民族等主題進入了俄羅斯民族的血液和意識之中，它們構成了俄羅斯哲學的精神基礎。正是應該在這裡尋找"俄羅斯心靈"的秘密。

廣闊的空間和大量的戰爭塑造了俄羅斯性格和俄羅斯哲學的這樣一個特點，即俄羅斯人輕視自己生活的建制。考慮到俄羅斯嚴酷的氣候條件（夏日短，漫長冬天，冰雪覆蓋大地），沒有時間從事營造舒適的、有藝術品味的生活環境，因此他們在房屋建造方面總是很倉促。在俄羅斯人的意識裡，對秩序、好的道路、鞏固自己日常生活等方面非常輕視的態度就比較明顯。俄羅斯日常生活中的這些不太吸引人的特徵也體現在俄羅斯哲學的特徵上：其中占統治地位的經常是情感、評價、對比，有時候很少嚴密的邏輯性，很少提供理論依據，範疇體系也不足，很少依賴基本的認識方法。經驗材料常常超越理論，有很多藝術形象、類比、隱喻，但是，嚴格的、科學上經得起檢驗的說法不多。作為結果，我們在這裡看不到徹底完成的和充分發展的哲學體系，比如像黑格爾、康得和馬克思等人建立的那些體系。

在很多世紀裡，俄羅斯在獨特的文化歷史真空裡發展。蒙古韃靼人的入侵使之與西方和東方隔離。它與最發達的文化國家的聯繫長期中斷。在擺脫對蒙古韃靼人的依賴地位後的很長時間裡，這些聯繫都沒有獲得恢復。走到前面的西方不願意與俄羅斯接觸，就實質而言，俄羅斯沒有經歷啟蒙運動時代，這個時代可以為民主和公民社會奠定基礎。印度和中國又太遙遠，它們的文化影響無論如何沒有觸動俄羅斯的現實。因此，俄羅斯是靠著"自己的養分"發展的，這對它而言，既有積極的意義，又有消極的意義。

其結果是，一方面，俄羅斯塑造了自己不可重複的獨特性，創造了自己的文化與哲學，它們與世界上任何其他文化和哲學都不相像。但另一方面，俄羅斯沒有能夠利用其他民族已經創造和獲得的東西。俄羅斯成長和發育得不像其他民族。恰達耶夫和普希金很好地強調過這個特點，他們說，俄羅斯不比其他國家壞，也不比它們好，俄羅斯是另外一個國家。

俄羅斯哲學，作為一個獨立的學科，是相對不久之前才產生的：大約就在兩個世紀前。俄羅斯哲學沒有（如前所述）長期的和光榮的歷史。其中沒有能夠與柏拉圖、亞里斯多德、霍布斯、斯賓諾莎、黑格爾、康得或馬克思齊名的人。在很大程度上，俄羅斯哲學經受了西歐哲學的影響，特別是德國哲學、法國哲學和英國哲學。甚至可以說，俄羅斯哲學是歐洲哲學的學生。但是，這個學生有自己的性格，他有能力學習，很快就站立起來，開始用自己的語言說話，用具有獨創性的思想、理論和觀念豐富了世界哲學的各個方向，比如"俄羅斯宇宙論"（費奧多羅夫、齊奧爾科夫斯基、奇熱夫斯基），丹尼列夫斯基的文化文明類型論和維爾納茨基的智慧圈觀念。

俄羅斯哲學不僅僅是在學習別人的思想，它還把它們用於自己的歷史，按照自己的方式重新思考它們，為了自己的需求而改造它們。因此，俄羅斯哲學很快就獲得了世界哲學學派中的一個學派的地位。

除了上述哲學家及其獨創思想外，完全可以把陀思妥耶夫斯基對生命意義問題的哲學觀點補充進來，還有托爾斯泰關於不以暴力抗惡的學說，索洛維約夫的尋神思想，還有弗洛羅夫、紫格拉金（В.В. Загладин）、吉盧梭夫（Э.В. Гирусов）、烏爾蘇爾（А.Д. Урсул）等人對全球世界問題的哲學思考，等等，還有很多。

因此，我們有依據談論俄羅斯哲學學派，它有自己不可重複的特徵：

——社會存在的宇宙、社會和精神方面因素的有機結合。在俄羅斯哲學裡，人被呈現在神的、自然和自己人性的東西的統一之中。無論在哪個哲學裡都沒有如此直觀地和令人信服地揭示出民族、個人的心靈和宇宙、自然界、地理、氣候、歷史之間的聯繫。

——與民族智慧的不可分割的聯繫。民族意識是俄羅斯哲學的營養基礎。俄羅斯哲學是民族的，無論就自己的觀念理論內容，還是就其形式而言，都是如此。對民族智慧的觀察和概括在哲學著作裡可以找到直接的反映，這些觀察和概括賦予哲學著作以口頭民間創作所特有的生動形象和格言的特徵。對世界的哲學觀點自身也在民間藝術創作中獲得直接體現，特別是在民間建築，應用藝術、禮儀裡所表現出來的特殊的宇宙、哲學觀念。這裡出現了對流：從民間智慧到哲學，從哲學到民間創作。俄羅斯民間道德（特別是其這樣一些特徵，如村社、不貪財、尊重祖先傳統等等）成了俄羅斯宗教哲學和宗教運動裡發生深刻分裂的基礎：15世紀"約瑟派"和"不佔有派"，17世紀革新派（尼康）和舊禮儀派（阿瓦庫姆）。

——俄羅斯哲學的文學性。在俄羅斯，職業哲學家不多。哲學在很大程度上是在文學和藝術的懷抱裡獲得發展的，以前如此，現在也是如此。對存在和精神的最深刻概括與其說是由哲學家提出的，不如說是由作家、詩人和藝術家提出的。職業哲學家在俄羅斯出現於19世紀下半葉-20世紀初（索洛維約夫、普列漢諾夫、布林加科夫、別爾嘉耶夫、洛斯基、弗洛連斯基等等）。在他們之前，一些作家、詩人在藝術和政論形式裡進行哲學概括，特別是卡拉姆津、普希金、果戈理、屠格涅夫、托爾斯泰、陀思妥耶夫斯基，文學和藝術批評家別林斯基、杜勃羅留波夫、車爾尼雪夫斯基、斯塔索夫等。俄羅斯哲學是世界上所有哲學中最具文學特徵的哲學。不但需要根據哲學著作來研究俄羅斯哲學，而且在同樣程度上，還需要根據文學藝術作品，繪畫、雕塑、建築。

——俄羅斯哲學的政治性。俄羅斯哲學是認識和改造社會的手段。政治綱領、流派、運動在哲學環境裡成熟和形成，在很多情況下，它們都是由哲學家們領導的。

——在俄羅斯哲學裡，科學與宗教之間，唯物主義與唯心主義流派之間的矛盾非常尖銳。科學界的代表們自身就是非常虔誠的信徒，針對宗教經院哲學，教會服務人員的不道德，他們表達了非常尖銳的批判意見。宗教哲學家們處在與唯物主義無神論者們的不可調和的敵對之中。在蘇聯政權確立之後，掌握政權的無神論者們甚至對宗教哲學家們進行了直接鎮壓。

——宗教哲學立場非常強大。在西方，宗教哲學(религиозная философия)與"世俗"哲學並列存在。在俄羅斯（特別是在第一個時期），哲學主要是由宗教思想家們代表的，他們把自己的哲學觀點建立在聖經教義基礎上。很多優秀的哲學家們都是偉大的宗教思想家和教會活動家，比如沃洛茨克的約瑟夫（И.Волоцкий）、奧堅斯基（З.Отенский）、尼康（Никон）、阿瓦庫姆（Аввакум）、索洛維約夫（В.С.Соловьев）、布林加科夫（С.Н.Булгаков）、弗洛連斯基（П.А.Флоренски）等等。儘管宗教哲學經常遇到強大的對立面，特別是在科學界和藝術界的知識份子圈子裡，但應該注意俄羅斯宗教哲學的文化、道德意義。道德、藝術的發展直接與宗教相關。弗洛連斯基在俄羅斯歌曲的多聲部中找到了認識"俄羅斯靈魂"的鑰匙。（與宗教哲學）對立陣營的代表克柳切夫斯基（В.О.Ключевский）也同意這一點，認為美學和宗教都是通過對美的感覺來認識世界的。應該說，對宗教哲學的科學思考還沒有開始。

我們可以確信，俄羅斯歷史的上述特點在很大程度上決定著俄羅斯哲學的面貌和一般特徵。但是在俄羅斯哲學裡以最直接的方式獲得表達的還有我國社會生活裡發生在20世紀的那些徹底變革。當然，這裡說的首先是1917年的社會主義革命，它改變了國家的前進方向，從資本主義轉向社會主義，另外還有一次革命，就是1991年發生的革命，它終結了社會主義建設，這給當代俄羅斯哲學思想進程也留下了自己的痕跡。

現代階段俄羅斯哲學的特點

儘管現代俄羅斯哲學（我們指的是最近二十年）在其基礎上，在一定程度上包含了以前各時期對它而言典型的一切問題，但是，它也經歷了實質性的改變，起初，它處在蘇聯意識形態的影響下，然後（在蘇聯解體之後）它獲得了自由。

這裡解體的不僅僅是蘇聯，而且還有與之相應的意識形態和價值體系，在這個體系裡，沒有對手的馬克思主義哲學擁有特殊的作用，準確地說，擁有主導的作用。這就是為什麼當蘇聯解體的時候出現了休克，全社會都體驗到了這種休克，包括哲學家（特別是堅定的馬克思主義者們）。人們面臨的任務是：按照新的方式看世界。但是，如何按照新的方式？每個人按照自己的方式解決這個問題，因為以前的方針丟失了，新的方針沒有建立起來。因此，哲學家們的科學活動實際上被歸結為零，一方面，是由於當時占統治地位的對哲學的懷疑態度，另一方面是因為對於受過哲學教育的人而言，當時處在生存的邊緣狀態，因此經常是無暇顧及哲學。於是，很多哲學家開始從事哲學之外活動，比如經商去了。一些人留在了商界，但另外一些人又返回到哲學，因為到1990年代中期之前，停留在商界，同時研究哲學，就意味著徹底喪失自己的專業。因此，他們被迫作出自我確定。

但是，到1996年初，出現了哲學生活復興的最初標誌。

關於這個哲學生活復興的處境，在其出現之前很長時間，流亡的俄羅斯哲學家伊利因（И.А. Ильин）就曾預見過，他說：在蘇聯消失（他絲毫不懷疑這一點）之後，在俄羅斯"被糟蹋的土壤"上要生長出哲學思想，還需要很多的時間和工作。他還強調，沒有大規模的轉向哲學，如果在廣大社會意識層面上不形成對哲學的尊重，就不會有好的哲學家出現，關於能夠給人留下印象的哲學家就不談了，更不用說優秀的哲學家了。

人們可能對我們說：20年過去了，著名的哲學家在哪裡？哲學中的著名作品在哪裡？當然，這還需要時間。我們只能談論哲學思想發展的前景、趨勢和動態進程。這些信念和希望也許要比我們今天擁有的成果更有價值。

在俄羅斯哲學裡，在這個方向上，今天正在展開重要的工作，這是不能懷疑的。

其中部分的原因是我國向世界開放了，以前接觸不到的哲學文獻大量湧入。一方面，國外的俄羅斯哲學開始返回，被遺忘的或者幾乎被遺忘的哲學家的名字也在恢復，比如，伊利因、洛斯基、津科夫斯基、別爾嘉耶夫、特魯別茨科伊兄弟，等等。當今俄羅斯哲學家首次得以接觸到這樣一些著作，比如伊裡因的《我們的任務》，《論未來的俄羅斯》，別爾嘉耶夫的《俄羅斯共產主義的起源與意義》等等。俄羅斯宗教哲學及其著名代表恢復了自己的權利：索洛維約夫、弗洛連斯基、布林加科夫、弗蘭克、舍斯托夫等等，他們的著作在蘇聯時期也沒有能夠出版。另外一方面，從1990年代初開始了積極地翻譯以前遭到禁止的20世紀西方著名哲學家的著作，比如，卡爾·波普爾（《開放的社會及其敵人》），奧爾特加·加塞特（《大眾的起義》），還有薩特、雅斯貝爾斯、弗裡德曼、哈耶克、羅蒂等等。

這一切都促成了思想多元化的加強，擴展了哲學研究的問題域，從狹窄的唯物主義立場到存在主義、個人主義、人格主義、實用主義問題等等。這樣，哲學人學所要解決的問題域也獲得了顯著擴展。

在擴展哲學問題域，哲學擺脫唯物主義傾向時，全俄哲學大會發揮了毫無疑問的作用，它們成為俄羅斯哲學交往的新形式，新處境所引起的新觀念的交易會。

比如，哲學及其在科學知識體系中的地位問題被尖銳地提出來。哲學和科學之間的關係如何？它們之間的共同點是什麼，又是什麼東西把它們區分開？這些問題引起了嚴肅的討論，直到今天依然保持其現實性。這種轉變首先是由於對待哲學問題的觀點上的一元論消失了，取而代之的是各種立場和觀點的多元論。

新環境還迫使我們對整個哲學教育體制進行原則上的改革，因為不但哲學知識的內容改變了，而且哲學知識的形式也改變了。從2000年代初開始，俄羅斯加入到了博洛尼亞過程。原來是統一的五年制教育體制，現在引入了兩級體系：本科（4年制）和碩士（3年制）。這個改革過程現在正處在積極進行的階段，並引起很多問題，我們在這裡不去專門討論它們，因為這已經超出了我們的主題。

　　最後應該指出，在新環境下，當哲學獲得自由，自行其是時，在哲學理論與實際生活之間的分離也顯著地擴大了。在現代俄羅斯，從客觀上說，對哲學觀念的需求應該是有的。然而，實際上，這種需求的確沒有，原因與其說是客觀的，不如說是主觀的。在蘇聯時代，對哲學新觀念的需求原則上說是不可能有的，因為當時只要求對馬克思主義的發展，直到無限的完善。但是，在1990年代，以及在2000年代，這種需求依然沒有出現，一方面是因為把哲學當作意識形態這個牢固的偏見，另一方面是因為在經濟領域裡發生了巨大的重建，採取決策的那些人無暇顧及哲學。部分地也是由於這些原因，在今天暫時還沒有能夠確立社會與哲學之間，哲學觀念與具體規劃之間應有的聯繫，這些具體規劃可以成為我國內外政策的基礎。

對哲學的這種沒有需求是俄羅斯哲學家們嚴重關注的物件，但是，應該指出，這個問題遠不僅僅是俄羅斯的問題。儘管這個問題是存在的，但是，哲學依然有著積極的生活，依然在發展。

理論研究的主要方向

在今天俄羅斯哲學家們關注的問題中，可以發現哲學研究的全部問題。一些問題討論得多些，另外一些問題討論得少些，但沒有這樣的哲學關注領域，其中完全沒有文章發表或者沒有舉行學術會議、討論會和圓桌會議。

首先當然是哲學思想的這樣一些方向，它們是哲學的基礎，在古代希臘就成了關注的中心。首先應該指出的是：本體論、認識論和社會哲學。本體論研究的代表有索洛杜霍（Н.Солодухо）、庫德里亞紹夫（А.Кудряшов）和洛拉耶夫（Т.Лолаев），認識論研究的代表有列克托爾斯基（В.А.Лекторский）、卡薩文（И.Т.Касавин）、米克申娜（Л.А.Микешина）和波魯斯（В.Н.Порус）。如果本體論和認識論就所研究問題的實質而言,實際上沒有發生變化的話,那麼社會哲學領域的情況就不同了。在這裡,除了堅持馬克思主義觀念,比如奧爾洛夫(В.В.Орлов)、焦哈澤(Д.В.Джохадзе)、柳布金(К.Н.Любутин),大部分研究的重點轉向了對"開放的"和"封閉的"社會的分析,還有公民建制和政治體制,民主自由和專制,正在增長的資本主義和"社會主義的"過去,等等。這個領域的著名代表有舍甫琴科(В.Н.Шевченко)、皮格羅夫(К.С.Пигров)、費多托娃(В.Г.Федотова)、莫姆江(К.Х.Момджан)和戈博佐夫(И.А.Гобозов)等。

需要說明的是,在這裡,以及下文中,根據我們的主題,我僅僅指出某個領域裡的幾位代表,當然還有很多人,這裡無法全都羅列出來。

在對社會問題的巨大興趣的背景下,對俄羅斯哲學而言傳統的主題,即關於俄羅斯發展道路的主題,也會定期出現,時而尖銳化,時而消沉。這裡的主要爭論,實際上和以前一樣,還是關於東方-西方的發展道路問題。在19世紀的時候,這個爭論就被稱為兩個對立立場之間的鬥爭,即西方派和斯拉夫派。和以前一樣,爭論的雙方各有勝負,各有所得。如果在蘇聯解體之後,在幾乎十年的時間裡,西方派的情緒占了上風,其代表有佩爾佐夫(А.Перцев)和庫瓦金(В.Кувакин),那麼從2000年起,這些情緒改變了,出現了對俄羅斯發展自己的發展道路的高度興趣,比如帕納林(А.Панарин)、季諾維也夫(А.Зиновьев)、霍洛德內(В.И.Холодный)和特羅伊茨基(Е.С.Троицкий)等等。由於這個原因,歐亞主義觀念重新獲得流行,面向東方的觀念也經常有人提及,比如杜金(А.Дугин)、奇普科(А.Ципко)、紮馬列耶夫(А.Замалеев)和斯特列利佐夫(А.Стрельцов)等等。

文化問題在俄羅斯哲學裡是個傳統的話題。全球化是對這個問題進行哲學反思的新的動力。全球化尖銳地提出民族文化與全人類文化,大眾文化與精英文化之間的相互關係問題。在這個領域,梅茹耶夫(В.М.Межуев)、卡甘(М.С.Каган)、斯焦賓(В.С.Степин)、米羅諾夫(В.В.Миронов)和德拉奇(Г.В.Драч)等人的著作獲得了廣泛的知名度。

對哲學人學的巨大關注,這也是個傳統的話題。在哲學人學裡,最近20年,人格主義、存在主義和實用主義等哲學流派的主題獲得了實質性的強化。

下面我們還會返回到這個問題。

國外俄羅斯哲學的絕大部分是具有宗教傾向的，它的返回，以及東正教會及其在當代俄羅斯社會生活中的立場獲得明顯的鞏固，這一切都為宗教哲學的發展提供了一定的動力。在1990年代形成的精神真空裡，這個哲學思想方向開始積極地探討存在、信仰、知識等問題，還有道德、生命意義、俄羅斯自我決定等問題。從東正教立場出發的這個方向上最著名代表有這樣一些哲學家兼神職人員：亞歷山大·閔（А.Мень），或者庫拉耶夫（А.Кураев），從伊斯蘭教立場出發的有賈邁勒（Гейдар Джемаль）。

在蘇聯時期，俄羅斯哲學與自然科學和精確科學有著密切的聯繫。現在，對這方面問題的思考，也給予了巨大的關注。自然科學中的哲學問題還在積極探討，在自然科學和技術史研究所，以及哲學研究裡，有一批學者從事這方面的研究，比如馬姆丘爾（Е.Мамчур）、戈羅霍夫（В.Горохов）、馬拉霍夫（Г.Марахов）、列什科維奇（Т.Г.Лешкевич）等。對協同觀念進行論證和發展的是這樣一些人，比如阿爾什諾夫（В.Аршинов）、克尼亞佐娃（Е.Князева）、布蘭斯基（П.Бранский）、布達諾夫（В.Буданов）。文明發展道路和科學理性的哲學等問題也獲得了積極的研究，比如斯焦賓院士的工作。

著名薩拉托夫哲學家烏斯奇楊采夫(В.Устьянцев)提出一個有趣的觀念，即在技術文明條件下的風險觀念（風險學）。同樣完全新的哲學和科學方向——虛擬學(виртуалистика)，其基礎是由諾索夫（Н.Носов）於2000年初奠定的，現在由其追隨者們發展，比如普羅寧（М.Пронин）、米哈伊洛夫（А.Михайлов）和諾索娃（Т.Носова）。

俄羅斯邏輯學派在傳統上享有很好的名聲和地位（形式邏輯、辯證邏輯、數理邏輯等方向），在國外都有一定影響。比如，季諾維也夫（А.Зиновьев）、斯米爾諾夫（В.Смирнов）、沃伊什維洛（Е.Войшвилло）和阿尼索夫（А.Анисов）等。

然而，當今俄羅斯哲學對倫理學和美學的關注要少一些。其部分原因是俄羅斯日常存在方式和整個文化的獨特性，關於這一點，前面已經提及了。另外一個原因是在這些方向上，在以前的蘇聯時期就缺乏強有力的立場。在倫理學家中間，最著名的有古謝因諾夫（А.А.Гусейнов）、奧普列祥（Р.Опресян）和謝利瓦諾夫（Ф.Селиванов）。美學觀念主要由多爾戈夫（К.М.Долгов）、庫茲涅佐娃（Т.Кузнецова）和格裡亞卡洛夫）（А.А.Грякалов）等人發展。

對外國哲學的巨大關注，也是有傳統的。從蘇聯時期開始，外國哲學就吸引了非常有天分的和具有批判精神的研究者，現在獲得了巨大的發展空間。在一定程度上，這一點可以解釋對這樣一些相對於蘇聯哲學而言並非典型的流派的巨大興趣，比如分析哲學、實用主義、新實證主義等等。外國哲學著名專家有莫特羅舍洛娃（Н.М.Мотрошилова）、科列斯尼科夫（А.С.Колесников）和佐托夫（А.Ф.Зотов）等。

俄羅斯哲學史也獲得了新的發展，這裡有很多尚未解決的問題，其中就有對不應該被遺忘的以前的一些哲學家創作遺產的反思。在這個領域比較著名的學者有紮馬列耶夫（А.Замалеев）、霍魯日（С.Хоружий）、馬斯林（М.Маслин）和庫瓦金（В.Кувакин）等。

需要特別指出的是，除了上述哲學思想流派之外，在20世紀下半葉又出現了原則上新的，以前從未有過的主題，如自然界與社會的相互作用，當代全球問題等。最近十年裡又出現了更為一般的,具有聯合作用的主題——全球化的哲學。

現代俄羅斯哲學還面臨著其他重要的任務,它們是由生活自身提出來的。比如,在變化了的條件下,為替代以前的、喪失意義的社會取向和價值方針,需要新的取向和新的價值,但是,沒有哲學的參與,這些新東西的形成和確定實際上是不可能的。

沒有哲學,就不能談論全民族的具有聯合作用的理念。當前,這個理念的缺乏已經被人們特別強烈地感覺到了。但是,在這個方向上,顯著成果暫時尚未看到,這是因為新的價值,民族理念,這不是能夠在哲學家辦公室的安靜狀態中誕生的東西,而是需要從民族自己的文化和精神生活裡成長起來的東西,有時候是需要很長時間的。換言之,新的價值和民族理念是從內部產生和成長的,而不是從外部引進的。這個情況恰好迫使我們返回到人的問題。

人是俄羅斯哲學的核心主題

這樣,如果我們提出一個問題,為什麼人在俄羅斯哲學發展的所有階段上都處在核心位置,那麼,答案還是應該在俄羅斯現實裡去尋找。俄羅斯現實總是有這樣一個特點，就是實質性的社會分化和俄羅斯人內在生活的無序，而外部的良好條件實際上總是使得對人的問題的解決朝著有利於絕大多數人的方向。這個情況經常引起一種願望，就是在平等和公正的原則基礎上重建當下的現實，這一點最終導致對人的本質，他在社會中的利益與作用的相關探討。

這裡應該指出，對人的本質給出毫無爭議的界定，指出其最主要的特質，暫時還沒有任何一個人能夠做到這一點。但是，具有獨創性的界定卻有很多。有一個對人的界定是由蘇聯著名哲學家，格魯吉亞人馬瑪律達什維利（M.K. Мамардашвили）提出的。"人從什麼開始？"他對這個問題不假思索地回答道："人開始于對死者的哭泣"。在這個答案裡，我們看到一種願望，即離開習慣的具有本體論指向的定義，去探索人的心理和精神的本質。

另外一個也應該被歸入到永恆哲學問題之列的問題涉及到生命意義和對這樣一個問題的探索：人為什麼活著？在俄羅斯哲學裡，對人的生存這個重大問題早就給予了關注。偉大的俄羅斯思想家陀思妥耶夫斯基精確地指出，"人存在的秘密不在於僅僅是活著，而在於為什麼活著。沒有堅定的信念，即他為什麼活著,那麼人就不會同意活下去,他會選擇消滅自己,而不是留在大地上,哪怕其周圍全是麵包。"[28]

人們有個永恆的追求和渴望,就是在大地上留下自己的痕跡。在這個追求裡體現出某種一般的規律性,它反映了整個活的生物的一種自然需求,即保留承傳,而不是無影無蹤地消失。因此,生命的意義問題,死亡和永生的問題對人而言大概是最主要的和最複雜的問題。如果不獲得令人滿意的解決,這些問題對人而言就是極其痛苦的,因為誰也不能認為自己是與它們無關的。儘管這些問題令所有時代的人們深感不安,但只是在20世紀,它們才獲得了特別尖銳的和悲劇的意義和現實性,因為在20世紀出現了全球問題,不但向個別人,而且向整個人類提出了一個致命的問題:"存在還是不存在?"。

這是重新轉向人的問題的又一個原因。因為在哲學裡,對人的最大興趣通常在這樣的時候出現,在相對比較短的歷史時間裡,社會生活發生了嚴重的和深刻的變革,隨著革命變革的發生,構成業已成型的人類關係基礎的以前那些觀念和秩序瓦解了。在這樣

---

28. Достоевский Ф. М. Братья Карамазовы. Кн. 5. М., 1983, C. 279.

的時刻,關於人的使命,他對所發生事件的責任等問題會重新出現,但是在完全不同的另外一個現實裡出現。哲學恰好在這裡獲得自己的支點。作為自己的研究對象,哲學把人的完整存在突出出來,分析人的存在的本質、特點和個體性,嘗試通過這樣的方式反思人自身,從人學立場出發分析包圍著他的世界。

別爾嘉耶夫就此精確地指出:"人學,或準確地說是人學意識,不但先於本體論和宇宙論,而且也先於認識論,先於認識論哲學自身,先於任何哲學,任何認識。作為世界中心的人,他在自身中包含了世界的謎底,超越於世界萬物之上,他的意識自身就是一切哲學的前提,沒有這個前提就不能勇敢地進行哲學思考。"[29]

因此,在人的研究方面的大量不同立場中間,應該區分出兩個,它們對現代人學而言是典型的,對俄羅斯的人學而言也是如此,這就是"內在論的(интровертивный)"和"外在論的(экстравертивный)"立場。

在前一種情況下,人們嘗試"從內部"出發理

---

29. Бердяев Н.А. Смысл творчества. С. 293-294.

解人，反思人，分析他的這樣一些實質性特徵，如意識、心靈、心理、本能、惡習、美德等等。此外，關於人的肉體和精神實質的哲學探討經常依賴於自然科學的經驗材料，首先是生物學和心理學的成就，但經常受到神秘主義、秘密學（эзотерика）和通靈術的影響。這些立場對德國的人學家和哲學家們是典型的，比如馬克斯·舍勒（1874-1928）和阿爾諾德·蓋倫（А. Гелен，1904-1976），奧地利哲學家洛倫茲（К. Лоренц，1903-1989），以及現代俄羅斯哲學的一些代表：庫特廖夫（В.А. Кутырёв）、巴耶娃（Л.В. Баева）、傑尼索夫（С.Ф. Денисов）和涅韋列娃（В.С. Невелева）等。

關於對人的"外在論"立場，對人的分析在這裡是"從外部"實現的，因此，關注的中心是人的社會和自然的依賴性，這對蘇聯時期的馬克思主義哲學及其在當代俄羅斯的追隨者而言是典型的，其最著名代表有弗洛羅夫、尤金、布耶娃（Л.П.Буева）和古列維奇（П.С.Гуревич）等。

根據相應的方針，在分析人和神、宇宙的聯繫時，哲學經常與歷史、社會學、生態學、神學結成聯盟，對俄羅斯宗教哲學而言，這是很典型的，其主要代表有:別爾嘉耶夫、卡爾薩文、布林加科夫、弗蘭克、洛斯基、霍魯日等等。

然而,對人的哲學理解,畢竟沒有統一的基礎,因此,根據首先把上述立場中的哪一個作為關注的中心(宇宙、自然界、神、社會、人自身),在俄羅斯哲學史上,可以區分出不同的世界觀立場,與對人的理解相關的問題就從這些立場獲得解決。其中最流行的立場有:

——社會中心論;

——宇宙中心論(自然界中心論);

——人學中心論;

——神學中心論。

蘇聯哲學中人的問題

如果看看俄羅斯哲學發展的蘇聯時期,那麼,在對人的理解中的一個確定方向無疑就是社會中心論立場,社會關係及其在人的形成與教育中的決定性作用被提升到首要地位。對此問題的這一立場首先是與馬克思主義對人的解釋有關,在蘇聯哲學裡,這個立場的最鮮明代表有:弗洛羅夫、凱列(В.Ж.Келле)、尤金、柳布金(К.Н. Любутин)和克拉皮文斯基

（С.Крапивенский）等等。

社會中心論與無神論密切相關，後者實際上把神學中心論徹底地從哲學問題中排除。神學中心論的支持者們把人看作是神的造物，並從這些立場出發談論人的本質，人在社會中的使命與角色。因此，在蘇聯時期的俄羅斯哲學人學裡，神學中心論完全缺乏。然而，另外兩個立場（宇宙中心論和人學中心論）則獲得了充分的呈現。

宇宙中心論主要與俄羅斯宇宙論（維爾納茨基、齊奧爾科夫斯基、奇熱夫斯基）的觀念相關。這個方向的一個現代研究者阿爾漢格爾斯卡婭（Р.В.Архангельская）寫道："現在正在發生的是俄羅斯宇宙論觀念的復興以及在現代性背景下對它們的反思。由於人的活動現在已經超越了地球的界限，所以宇宙論對宇宙責任的呼籲就非常現實了……。今天，對人的這個觀點非常必要，同時也是非常吸引人的：它吸引人的地方就在於其樂觀主義精神、對人的信仰和對等待人的那個光明未來的希望。" [30]

---

30. Архангельская Р.В. *Эволюционное видение человека в философии русского космизма* // в кн.: Рационализм и культура на пороге третьего тысячелетия. Материалы Третьего РФК. В 3-х томах. Т.3. – Ростов н/Д., 2002. С. 284-285.

在當代歷史上，根據對生態問題的積極討論，哲學思想的這個方向（宇宙中心論）與所謂的自然中心論發生密切聯繫，後者又與自然界與社會的相互關係研究緊密相關，人被看作是自然界的組成部分，徹底地服從自然界。這個領域的代表有吉盧梭夫（Э.В.Гирусов）、烏爾蘇爾（А.Д.Урсул）、戈列洛夫（А.А.Горелов）和洛斯（В.А.Лось）等。

最後，還有一個理解人的立場，被稱為人學中心論。和宇宙中心論不同，它把重心轉移到對立的意義上來。在這裡關注的中心已經是人自身及其利益，這對1950-1960年代而言是典型的，當時，在蘇聯哲學裡占統治地位的是技術樂觀主義和唯科學主義情緒，那個時候人們覺得，人有能力借助於科學和技術解決一切問題。這個情緒的主要代表有：德里亞赫洛夫（Н.И.Дряхлов）、古多日尼克（Г.С.Гудожник）別斯圖熱夫-拉達（И.В.Бестужев-Лада）。在對待科學和技術的態度上，該立場保持樂觀主義情緒，因此它與在社會中心論方向上發展的那些立場是接近的。

但是，在20世紀70-80年代，對待科學技術進步的過分樂觀主義，更不用說是對科學的無限可能性的信仰了，在實質上都已經被顛覆，主要是全球問題的出現及其無法解決性，還有社會與周圍環境的不良狀況，生態危機的加強等等。

那麼，如何實現把人的各種研究整合起來？這裡就出現了這樣兩個基本立場：

其中的一個立場指向知識，包括各門科學裡積累下來的自然科學知識。另一個立場以哲學、心理學和其他人文科學的立場為支撐。

第一個立場延續了馬克思的傳統，最好還是用馬克思的一句話來概括它，即"人的本質不是屬於個別人的抽象。就自己的現實而言，人的本質是全部社會關係的總和"。

但在馬克思主義裡，人不但是社會關係的產物，他在很大程度上消失在社會裡，相對於社會而言，人處於服從的地位，他應該把自己的一生獻給共同福利的獲取。人擁有什麼樣的質，好的或者是壞的，這首先依賴於他處在什麼樣的社會裡，這是馬克思主義者的觀點。因此，為了消除人的否定的質，首先必須改變社會關係，把人道主義、平等和公正的觀念作為這些關係的基礎。

馬克思認為，這樣的理想（共產主義）社會的出現是由社會發展的客觀過程決定的,因此,新人的形成,擺脫了"過去負擔"(利己主義、侵略、貪婪等),只擁有重要社會意義的特質(利他主義、愛好和平、善、無私等特徵)的"全面發展的個性"的形成,也是歷史上被決定了的。

從人道主義角度看非常吸引人的,初看起來也是可以實現的社會與人進化的這個前景,從一開始就遇到了反對。然而,它的最嚴肅的對手出現在20世紀,當時,蘇聯的實際經驗展示了這個問題的全部複雜性。

最著名的一個批評家就是英國哲學家和馬克思主義的著名研究者波普爾,他指出:"為了正確地討論馬克思主義,應該承認它的真誠性"。但是他補充說,"儘管馬克思有毫無爭議的優點,但我認為,他是個假先知。他是位指出了歷史運動方向的先知,但是,他的預言沒有實現。然而,我首先指責他的是另外一點。更為重要的是,他把大多數知識份子引入歧途,他們相信,歷史的預言是對待社會問題的立場上的科學方法。馬克思應該負責的是:歷史主義的思維方式對那些打算保衛開放社會的原則的人們產生的毀滅性作用。"[31]

在蘇聯時代，占統治地位的觀點畢竟是，科學在人的研究中發揮關鍵作用。這條線索的支持者認為，為了保證對待人的完整觀念，各門學科應該聯合自己的力量，構成一門關於人的統一科學。他們認為，這門統一學科不但重要，而且必要。這個立場的最著名代表就是弗洛羅夫，他指出，這門學科應該成為"許多專門科學的綜合，包括自然科學和社會科學，從各個方面來研究人。" [32]

為了在現實中實施這個立場，1990年代初，在俄羅斯成立一個人研究所，附屬於科學院，它把哲學家、心理學家、社會學家、生物學家、歷史學家和其他專業的學者聯合到一起。根據研究所的創辦者和第一任所長弗洛羅夫院士的意見，隨著關於人的統一科學的出現，"將會徹底地克服存在至今的自然科學方法和社會學方法之間的二元論，人的生物本質和社會本質都會被考慮到"。[33]

在這種情況下，人被看作是統一的完整系統，這個系統儘管是極其複雜的現象，但是，不但可以對

---

31. Поппер К. *Открытое общество и его враги*. М., 1992. С. 98—99.
32. Фролов И.Т. *Перспективы человека*. М., 1983. С. 20.
33. Фролов И.Т. *Перспективы человека*. С. 20.

這個現象進行科學分析,而且(在保留關於這個體系的完整觀念的情況下)也可以實現各專業學者所獲得成果的大綜合。此外,正如在馬克思主義裡通行的那樣,哲學被賦予了科學的地位:就實質而言,哲學家被等同于科學家,他們利用統一的語言,經過檢驗的方法論和一定的範疇體系。在這裡,如果人是秘密的話,那麼這個秘密也不能在今天科學知識的水準上獲得揭示,但是,這個秘密會被揭示的,只要科學發展到這樣的地步,其發展水準開始符合所解決任務的複雜性水準,即人所是的那個系統的複雜性水準。

這個立場的追隨者的樂觀主義建立在對社會、人和人類知識進步(上升)發展的信仰基礎上,也來自於把人類積累下來的經驗向未來的投射,根據這個經驗,不清楚的東西早晚會清楚的。此外,人們經常引證說,以前看來是無法解決的很多問題,現在已經被認識了。

就此,弗洛羅夫在自己非常知名的著作《人的前景》裡強調說:"科學的進步,這就是理解人的問題的關鍵,就是'魔鏡',通過它可以看到人類的前景,人的未來。" [34]

---

34. Фролов И.Т. *Перспективы человека*. С. 12.

然而,問題在於,誰也不知道所解決問題的規模,因此,不知道科學應該達到的那個水準,以便證明上述期盼。對人的另外一個立場的支持者就這樣認為,這個立場與哲學人學的發展密切相關,這就是別爾嘉耶夫、舍勒、普列斯涅爾(Х.Плеснер)等人所理解的那種哲學人學。這個方向在蘇聯時期沒有形成清楚的和十分確定的輪廓,只是在蘇聯政權最後幾年才獲得了發展的動力,因為這個時候由戈巴契夫倡議的改革政策為各種觀點的表達提供了可能。

這個立場的支持者有布耶娃、格列赫涅夫(В.С.Грехнев)、澤列諾夫(Л.А.Зеленов)、瑪律科夫(Б.В.Марков)和奧梅利琴科(Н.В.Омельченко)。他們的出發點是:人是多層面的和經常變化著的存在物。儘管人的某些重要特徵在幾千年之內是不變的,但它們並不能揭示人的整個本質,這個本質隱藏在人的物理和精神原則的神秘統一之中,這兩個原則,即人的物理和精神原則,甚至單獨地獲得考察,就是這兩個原則中的每一個都獲得的考察,那麼,它們的本質也不能被認為是真正地被確定的。此外,這個立場的代表們把注意力放在這樣一點上,即人自己是微觀宇宙(микрокосм),他為自己提出越來越新的謎，因此人是個積極的原則。他嘗試認識外部世界，自己在其中的位置，因此去研究周圍世界，並根據自己的意願改變和改造世界。

換言之，人是創造者，同時又是文化的造物，是精神性的載體，這個精神性使得他與其他動物世界在原則上區別開。

從對人的這個看法出發，哲學人學的這個方向的代表們認為，哲學人學不能覬覦在觀點上的嚴格科學性，而應該指向制定關於人的系統知識，把人看作是類的存在物，在這個系統知識的框架下，把具體科學的各種立場和結論綜合起來：心理學、社會學、生物學和其他主要人文科學。根據著名哲學家布耶娃的意見，我們在這個意義上可以和應該談論"精神的生態"問題。"精神是複雜的多元系統組織，精神文化的所有 '類型'在其中共存，相互作用，不但是偶然的，而且還服從一些很少獲得研究的規律，比如心理學、人學的規律，而且，這些精神文化'類型'複雜地'被納入到'人的社會和個體存在的社會背景之中"。[35]

---

35. Буева Л.П. *Философская антропология в системе духовной культуры* // В кн.: Философия и проблема человека. Материалы Первого РФ в 7 томах. Т. VII. - СПб., 1997. С. 188.

如果拒絕生物化和社會化立場的極端性，那麼應該如何理解人？人是誰，事實上，他是神，還是獸，狼還是羊？顯然，這樣提出問題無非就是嘗試使這個永恆的問題尖銳化，即關於人身上善與惡的原則問題，關於人的利他主義和侵略性，克服罪惡而進行完善的能力問題。但是，在人身上各種特質過分緊密地交織在一起，包括直接對立的特質，因此無法一致地探討和評價人。

因此，馬克思關於人的那些討論和說法是非常公正的和有趣的，就是蘇聯哲學家們發展的那些討論和說法，在其中人一開始就被看作是善的、人道的和積極的。

然而，有這樣一些人，他們對該問題的觀點同樣有趣。他們不在蘇聯範圍內，而是代表流亡國外的俄羅斯哲學，並按照另外的方式看這個問題。其中的一個重要的權威是別爾嘉耶夫，關於人，他這樣說過："奇怪的存在物，它是分裂的和歧義的，有國王的面孔，也有奴隸的面孔，是自由的和被束縛的存在物，強大的和軟弱的，在同一個存在裡把偉大與渺小結合在一起，把永恆和腐朽結合在一起。" [36]

---

36. Бердяев Н.А. *Смысл творчества*. С. 296.

哲學人學的下一步發展（已經是在後蘇聯時期了）把這兩個立場都納入到自身中來，最好地體現在這樣一些人的著作和發言中，他們在今天就代表著俄羅斯哲學的這個方向。

後蘇聯時期俄羅斯哲學中的人

蘇聯解體後，人的研究主要中心是由弗洛羅夫院士創立的俄羅斯科學院人研究所，在他於1999年去世後，擔任該所所長的是尤金。2000年代初，人研究所變成了俄羅斯科學院哲學研究所的"人的研究綜合問題"研究部，這個部依然由尤金來領導。

最近三年，在哲學研究所裡出版了4本文集《人學學說概覽》，主編是古列維奇，他在最後一本文集裡寫道："在最近一段時間，關於人的本質的哲學觀念發生了根本改變。對以前觀點的果斷改造首先是因為在醫學和自然科學領域的發現，因為'超人主義者'運動，[37]該運動為自己提出的任務是製造'後人'，此外還有超人格心理學的形成，它反對笛卡

---

37. 超人主义者（трансгуманисты）运动：是一个国际性的文化智力运动，它支持利用科学技术来增强和改造人的精神和肉体能力，克服人类状态不需要或不必要的方面（如残疾、疾病、痛苦、老化和偶然死亡等等）。——译者注

爾-牛頓的世界圖景，另外就是後現代反思的發展，它宣佈'人的死亡'。因此，對人是一種特殊存在者的證明，這個任務在今天就變得非常現實了。"[38]

2008年又出現一個人研究所，它建立在國立莫斯科大學。領導這個研究所的是莫斯科大學校長薩多夫尼奇（В.А.Садовничий）。這不是個獨立的分支機構，它通過非正式的途徑把大學裡的相關學者聯合在一起，他們在大學裡的各教學學術和科學研究的分支機構裡工作。研究所的學術委員會協調跨學科研究，這些研究與莫斯科大學的人的研究有關，但主要涉及的是醫學和自然科學問題。

如果說到對待人的現代問題研究的哲學立場，那麼它們的實質很好地體現在俄羅斯哲學大會的工作中，在這裡總是有一個分會場，叫"哲學人學"，每次參加這個分會的大約有該領域的專家50-100人左右。為了理解這裡所研究的問題的內容，只要看一看最近兩屆大會的材料就夠了。

我們先看看2005年在莫斯科舉行的第四屆全俄哲

---

38. Спектр антропологических учений. Вып. 3 / Рос. акад. наук, Ин-т философии ; Отв. ред. П.С. Гуревич. – М.: ИФРАН, 2010. С.2.

學大會的決議。這次大會的主題是"哲學與文明的未來"。在最後決議裡指出：

"我們生活在這樣一個世界裡，觀念的物質化在其中進行得非常快，大大地超過了人的精神道德發展。不但民族的獨立性，而且個人的獨立性都遭到了威脅。在技術、意識形態體系、平均化和由廣告強加的消費崇拜的重擔之下，人在尋找自己的人性。世界上的'危險知識'在增加，它們與對人有破壞作用的一些惡習有關。必須把我們的努力指向保衛人的個性尊嚴，培養個性的公民感和愛國主義情感。

哲學應該反思虛擬實在的本質，它構成一種特殊的存在類型，這個類型的存在與交往和新形式的資訊技術流行有關。只有參與到真正的社會現實當中的人才能影響世界的拯救，使之擺脫可能的危機與災難。

當今世界的生活正在發生劇烈的變革，對人類安全的新危險和威脅、極端組織（流派）不斷出現，這些流派利用宗教的、傳統主義的證據，還有其他證據，企圖懷疑人的生命價值。在這些條件下，哲學家應該意識到自己的公民責任，發揮哲學知識的預測和分析的功能。利用科學研究的精確方法和哲學直覺，利用'對智慧的愛'，哲學家有能力預測人類活動某些方面的消極後果，無論是在局部規模上，還是在全世界規模上，履行其在文化裡的預言功能，預防人類犯下不可更改的錯誤。"

第五屆全俄哲學大會於2009年在新西伯利亞召開。本次大會對人的問題也給予了同樣的關注。在全體會議上，列克托爾斯基院士作報告《知識社會的哲學與人的命運》，他對前一個報告進行了批評性的回應。在前一個報告裡，從分析哲學的立場出發，把技術領域的解決方案向人文領域推廣。院士說，"這只是對永恆哲學問題的解決的個別嘗試，但問題在於要回答：人在哪裡終結？

院士解釋說，他把"人的終結"解釋為，在全球規模上擴展的人為環境裡，人的生物社會方面的退化。他補充說：單獨的個體可能通過自己的"經驗"實施人的"終結"，但是，人類在整體上能夠，也應該避免這個結局。不過，對所提出的這個問題應該進行辯證地理解（而不是從"分析主義"立場出發），這樣，院士希望人們關注，在對實際現實的揭示中，科學辯證法具有重大的意義。

在這次大會上，還舉行了很多小型會議，在這裡，人是關注的中心。比如，在主題為"人，歷史的意義和歷史的自我意識"的一次會上，一個非常有趣的報告是《歷史的意義：假像或者實際問題？》。報告人是外交學院教授潘菲洛娃（Т.В. Панфилова），她強調指出：歷史的價值應該成為歷史的一個有機部分。因此，問歷史有沒有意義，這是不正確的。"歷史的意義"這個片語表達了歷史對人而言的重要性，人正在成為全世界歷史的主體。歷史越是人化，對人而言，它就會成為越大的價值，歷史就會獲得更大的意義。如果不鞏固人道主義趨勢，那麼歷史就是無意義的。

對人的研究現代階段的概述就到這裡。我還想指出一份特殊的雜誌。毫無疑問，在這個領域裡，最權威的俄羅斯雜誌是《人》，於1992年創辦，也是由弗洛羅夫院士倡議的，現任主編是尤金。在自己的20周年紀念會上，雜誌編輯部在回答問題"在這些年做了些什麼？"時，編輯部寫道：首先，"人"還活著，如果考慮到我們的路上有那麼多的困難和問題的話，這自身就意味著很多東西。

今天，雜誌《人》已經有了固定的主題和讀

者。發表論文的主題包括人的綜合研究的理論和方法，關於人的科學的歷史，俄羅斯人的潛力及其智慧潛力，最新技術在遺傳、醫療、資訊和教育領域裡的研製和應用問題的道德法制層面和社會後果。雜誌的最重要主題是科學的倫理和價值基礎，職業倫理學問題。換言之，雜誌所涉及的問題涵蓋人文知識的所有領域，還有多門自然科學，同樣也有哲學、藝術和宗教。

這恰好能夠最直接地體現出俄羅斯現代階段的人的問題研究的特點。

哲學人學發展的趨勢與前景

對前景的評價，通常都去看最權威的職業團體，因此最好看看《人》雜誌的編輯部，這樣可以更好地實現我們的目的。這個編輯部對自己的優先主題和觀念進行了界定，它們在今天引起特別的討論，雜誌打算在以後繼續關注這些問題。

——對人的綜合研究的思想。這個思想在人的潛力觀念裡獲得了具體的實現，該觀念使得我們可以按照新的方式看待人的生命活動的最新方面，包括心理和身體的健康，智力的發展，在整體上評價個性的生命戰略。

——人的本質問題今天獲得了新的意義。在最近幾十年，生物醫學技術的迅猛發展，以及對生物醫學技術的倫理反思，常常會賦予人的存在的這樣一些基本特徵以意想不到的、完全新的意義，比如生命、死亡、永生。這裡的研究主要包括對人的存在的價值基礎和社會文化基礎進行積極的重新考察。

——最近這十年裡，特別是與達爾文的紀念日有關，創造論與進化論圍繞人的產生和演化問題展開的爭論獲得了新的動力。

——"自然界-文化（技術）"的兩難，在針對人的問題時，目前經常出現這樣一個對立："人工的和自然的"。克隆問題，人的建構和變異問題，以及人的生態等等問題的研究都與這個二元對立的立場有關。

——最後，下面的一些問題依然是非常現實的：歷史中的人，過去和現在的宗教裡的人，現代性現實中的人，人在近期和更為遙遠的將來的前景。

這樣，我們從不同方面考察了我們的主題。可以作出這樣一個結論：俄羅斯哲學思想關注所有的哲學問題,但是,對作為自然界的最高造物,作為解決所有其他問題的起點的人給予了特別的關注。

第六章 面臨全球化的哲學

今天的全球化世界需要哲學的反思,這種需求一點也不亞于古希臘世界對哲學反思的需求。現在,我要在當代與古希臘時代之間作個對比。西元前6世紀,哲學同時出現在歐洲、中國和印度,這是一種從理性立場對人們所面臨的絕對新的世界進行反思的需求,在此之前,這一切都未曾有過。只有哲學能夠解決這個問題,即對新世界進行反思,但在這之前還沒有哲學。在沒有哲學的情況下,人們借助於神話和宗教來解釋他們生活在其中的世界。但是,當哲學出現後,它為人類提供了新的可能性,就是用自己的大腦和從理性立場來看世界。在人類進步的道路上,這是重要的一步。哲學自身也獲得了飛速發展。哲學提出和回答這樣一個問題:一切是什麼?整個世界是什麼?這是泰勒斯提出的問題。於是哲學開始尋找存在的基礎,它揭開了實在的這樣一些層面,沒有哲學,它們是無法認識的。後來許多世紀,哲學或者讓位於宗教,或者讓位於科學。關於這個問題,我打算稍微詳細談談。現代世界為哲學提出了新的任務,和古希臘一樣,再次呼籲哲學對世界進行認識。和兩千年之前一樣,哲學再次成為現實的。當今世界也需要進行哲學的思考。我把哲學的新飛躍,對哲學的新興趣與全球化聯繫在一起,與對全球化的反思聯繫在一起。如果在古希臘,主要哲學問題是:一切是什麼,整個世界是什麼,世界的結構如何,世界是如何建立起來的,那麼今天,哲學發生了轉變,出現了新問題,哲學需要解釋這樣一些問題,除了哲學之外,沒有哪個學科可以解釋這些問題:什麼是人,什麼是人類,什麼是人類的世界。古希臘時代的問題是,世界的基礎是什麼,今天的問題是:人類存在的基礎是什麼,人類社會是如何建立起來的。

我認為,非常有必要簡短地概述一下哲學兩千多年所經歷的命運,就是從古希臘到今天以來的命運。當然,我主要考察的是歐洲哲學傳統。不過我覺得,這個考察也適合於中國哲學和印度哲學。取代古希臘世界的是什麼?是中世紀。在中世紀,主要的東西是宗教,哲學退居次要地位。為什麼宗教佔據了主要地位呢?因為宗教也可以回答人們提出的(哲學)基本問題:一切是什麼?整個世界是什麼?世界是如何建造起來的?答案非常簡單:存在一個上帝,他創造並安排了一切，他可以解釋一切。在這種情況下，哲學就沒有用了，只能去研究一些瑣碎的小問題，即所謂的經院哲學，這種情況持續了一千年。需要指出的是，在中世紀之前，甚至在古希臘時代，人類的處境具有局部性的特徵，社會處在非常小的範圍之內，社會的影響範圍也很小，人們生活在一個狹小的地域，不知道在這個地域之外所發生的事情。這是一種局部的文化，地方的文化。那麼，中世紀的情況如何呢？這時，社會已經是按照地區的結構發展了，特別是從馬其頓的亞歷山大時代開始，已經出現了一些大的地區。然而，整個人類畢竟不是統一的，因為無論在中國，在歐洲，還是在印度，人們都不清楚，在他們之外是什麼，不知道自己的邊界在哪裡。各國家之間的距離是非常遙遠的，沒有發生直接的關係。人們對自己存在的觀念是有限的。在中世紀的世界裡，要解釋世界，宗教就足夠了。而且人們自我感覺非常舒服。哲學處於次要地位，實際上也沒有科學，但這對人們的生活沒有什麼影響。宗教回答了哲學所要回答的問題。

接下來是文藝復興時代。我們不去分析那時的革命，無疑這場革命是逐漸展開的，有自己的發展過程，但這不是我們的研究物件。我在這裡只是標出大時代的路標，即文藝復興時代到來了。我只想指出，這個時代所要解決的主要問題是什麼。我認為，文藝復興時代解決了兩大基本問題：哥白尼革命（還有庫薩的尼古拉），即日心說。這個學說提供了改變世界觀的可能性：太陽和地球的關係發生了改變。人們對它們之間關係的看法發生了實質性的改變。另外一個問題是麥哲倫的環球航行。他準確地給出答案：人們都在哪裡生活。人們生活在地球上，這是一個球體，是個圓形的球體！原來人們認為，自己生活在一個平面上。於是，一個新的地球被發現了，這就在原則上改變了人類的處境。這一切具有原則的意義。此外，文藝復興時代為科學的發展開闢了新道路。在古希臘，科學就已經誕生了，那是在哲學的懷抱裡。在哲學產生的時候，科學已經出現，在古希臘的哲學裡包含了數學、物理學、天文學和醫學等元素。然而，作為獨立現象，科學只是在近代才產生的。但是，科學誕生的道路是由文藝復興時代開闢的。如果說文藝復興時代為科學開闢了新道路，那麼在很快就到來的近代，即在17-18世紀，科學為技術開闢了道路，這個技術是以科學為基礎的。這就是科學技術進步的開端。我們認為，實際上的全球化過程恰好應該從文藝復興時代開始算起，從地理大發現開始算起。當然，全球化過程還有其他階段。請注意：如果在中世紀，哲學在為自己的存在而鬥爭，鬥爭的物件是宗教，那麼現在，在近代，哲學要與科學鬥爭了。科學成了哲學的對手。如果在中世紀，人們信奉宗教，因此喪失了哲學，那麼從文藝復興時代開始，五百年來，直到今天，人們信奉的是科學，同樣喪失了哲學。甚至在今天，人們還沒有明白，他們沒有獲得哲學，就是在古希臘時期那種意義上的哲學，當時哲學具有非常重要的意義，這個意義在今天是沒有的，哲學還沒有獲得這樣的意義。

那麼，我們為什麼又回到了哲學呢？又有了對哲學的需求呢？因為在局部世界裡，當人們生活在一個狹小的地域，要解釋世界，有神話與宗教就足夠了，人們就可以平靜地生活。當人類開始在地區的意義上生活時，即生活領域開始擴大，活動範圍擴大到地區時，有宗教和科學就足夠了，至今如此。直到人類發現全球化世界（完整的世界，統一的世界），此時，為了解釋世界，科學和宗教就不夠了。

這裡需要指出，科學有個特點，就是它總是指向具體性，指向細節、真理、具體地結果。就是說，科學看世界或者借助於望遠鏡，或者借助於顯微鏡。相對于局部世界，相對于地區意義上的世界，這些手段就足夠了。我們在科學的發展史上可以看到這一點。我們看到，科學的道路總是分化，科學越來越分化，其內部劃分的越來越細，學科越來越多，這是科學發展的總的道路。比如物理學分為核子物理，固體物理，液體物理等等。其他學科亦然，總是在不斷地分化。

20世紀的世界成了全球化的世界，但是要知道，從文藝復興時期開始，世界已經成為全球化的了。不過，正是在20世紀，世界被理解為全球化的世界。這時，科學的立場已經不夠了，因為科學的立場不能完整地看待世界，不能立刻從所有方面看世界，因此就需要另外的立場。於是就出現了新的科學知識領域，這不是科學，而是科學裡的一個新領域：全球學。

當科學通過分化的途徑發展時，這裡分裂出越來越多的學科，科學就是這樣發展的，而且以後還會這樣發展。當時，科學不需要哲學，只有當需要高度概括的時候，才需要哲學。比如愛因斯坦，或者維爾納茨基，他們都是偉大的科學家，作出了偉大的概括，在這個意義上，他們也都是哲學家。但是，一般地說，當科學沿著分化的道路發展時，它是不需要哲學的。當科學面臨這樣的任務，就是把世界看成是個整體，統一體，複雜系統，這時需要把人文學科，自然科學聯合起來，比如物理學家，化學家，歷史學家，社會學家，他們都要解決同一個問題，只是從不同的角度而已，這時他們明白一個問題：他們相互之間是不理解的，他們扮演了巴比倫塔建造者的角色。所有人用不同的語言說話，因此相互聽不懂。因此，他們就需要一種力量，它把他們聯繫起來，需要一種東西，它能夠把他們變成一個整體。這種東西當然就是哲學。這時，他們才明白，需要哲學。

這樣，又提出來那個古老的問題：什麼是哲學？這個問題討論了兩千五百年。1998年，在美國的波士頓舉行第20屆世界哲學大會，主題是"潘迪亞：培養人性的哲學"。大部分報告，大約有70%的報告探討的問題就是：什麼是哲學，哲學能為世界提供什麼？如何講授哲學？這些兩千年來一直存在的問題現在依然是現實的。

如何從今天的立場看待哲學與神話的關係，哲學與宗教的關係,哲學與科學的關係?在哲學與神話之間,關係是明確的;在神話與宗教之間,也有許多東西是可以理解的。比如說,神話的基礎是信仰,就是相信講述者,相信說話的那個人,如果你不相信講述者,那麼神話就不存在。宗教的基礎也是信仰,但這是對超自然的東西的信仰,如果不存在某種超自然的力量,這種力量可以被稱為神、世界精神、世界靈魂,等等,那麼,就沒有宗教。在這裡,宗教神職人員只是仲介而已。但是,哲學的基礎首先是個人的經驗和理性,是一種合理性,而不是信仰,儘管這裡也有一定的信仰的成分。在這方面,多少是好理解的。可以說,哲學與神話的關係問題在古希臘時代末期已經解決了。哲學與宗教的關係問題,原則上說,在中世紀末期也已經解決了。哲學與科學的關係問題主要是在20世紀初之前,在西方獲得了解決。但是在東方沒有獲得解決,至少在俄羅斯,哲學與科學的關係問題至今沒有獲得解決。

因此,我想特別強調一下哲學與科學的關係。在西方,把哲學與科學分開的最初嘗試是由孔德和穆勒作出的,他們是實證主義哲學的第一代創始人。三代實證主義對劃分哲學與科學的界限都作出了實質性的貢獻。非理性主義哲學，存在主義，新實證主義，分析哲學都堅持，科學以知識為基礎，哲學以直覺為基礎，哲學也是一種理性，但這個理性是沒有限制的，哲學是一種意見，而不是知識。在這個意義上，指出下一點是很重要的：馬克思主義一開始就把哲學看做是科學，宣佈哲學史已經被克服了，哲學的發展結束了，因為科學的哲學產生了。至少在我學習的蘇聯時期，哲學與科學被等同起來，哲學被界定為最一般的科學，是關於自然界、社會和人類思維發展的最一般規律的科學，換言之，哲學是和科學一樣的知識。於是，我們就接近一個非常重要的問題了，即如何把哲學和科學區分開。如果我們把哲學理解為科學，那麼我們就剝奪了哲學的一個非常重要的特質，這個特質恰好就是作為非科學的哲學所具有的。與科學不同，哲學總是有具體的，有出處的，可以說，哲學是一種論個的商品，而非成批的商品，有多少個哲學家，實際上就有多少種哲學。在這一點上，哲學與科學不同，不能說有多少物理學家就有多少種物理學。物理學總是有一些占統治地位的觀念，儘管其中也有不同的意見，但是，在物理學家之間，在化學家之間，就主導觀念而言，是沒有原則分歧的。但哲學則不然,哲學總是單個的、個人的,哲學家之間的意見可能是完全不同的。為什麼會這樣呢?因為和以前一樣,哲學首先總是提出和回答同一個問題,即一切是什麼?我們可以區分出對這個問題的四種回答方式,一個現代人可以滿足於其中的任何一種。比如,(1)他可以求助於神話。神話對這個問題能夠給出明確的答覆,他可以相信這個答覆。這是個非常具體的答案,這裡是沒有分歧的。(2)他可以滿足於宗教的答案,這也是個非常具體的答案。任何宗教都能對這個問題給出一個完滿的答案,因此,如果他相信某種宗教,他就不需要再尋找其他答案了。於是,他就可以在這個世界上平靜地生活,不用為此問題再費心了。(3)但是,人是這樣一個東西,他有自己的意識,有自己的生物電腦,它總是在不停地詢問、探索。於是,當人求助於科學的時候,科學也給他以精確的答案,這也是個非常具體的,精確的答案,可以對其進行檢驗,也可以推翻它,總之,科學可以精確地回答這個問題。但是,世界是非常複雜的,人也是複雜的,人有外在世界,也有其內在世界。科學所擁有的可能性是非常小的,它只能給具體的問題提供精確的答案,但對絕大多數問題,科學是無能為力的,科學無法為它們提供答覆。（4）但是，經過科學啟蒙的大部分現代人已經不能滿足於神話和宗教了，科學又不能對所有這些問題給出滿意的答覆，於是，有一部分現代人沒有別的辦法，只能求助於哲學。

在古希臘就有人說過，寧可依靠自己的力量成為一個傻瓜，也不依靠柏拉圖而成為一個智者。就是說，自己要承擔起回答這個永恆問題的責任。當然，你可以求助於各種權威（神話的、宗教的、科學的，等等），但是選擇總是在你自己。因此哲學總是個人的，單個的商品。哲學可以提供一種可能性，就是理性地探討科學所無法回答的許多問題，這些問題使哲學成為永恆的。哲學一旦產生，將永遠存在下去，過去有哲學，現在也有哲學，將來也會有哲學，只要有人存在，哲學就會存在下去。在西方經常出現的關於哲學已經死亡的說法，其實，在俄羅斯也有類似的說法，但是，這只是宣傳上的需要，而沒有任何依據。許多人認為，這樣解釋哲學是沒有意義的，因為這樣的哲學不能成為人類實踐的基礎，哪怕是成為個別團體實踐的基礎。對同樣一些問題，人們會從不同的角度去看。這樣的哲學在實踐上肯定是行不通的。

現在我舉例子，就是我們前面這塊黑板。我們現在看到的這一面是綠色的。我在這上面畫一個三角形和一個圓。我提一個問題，它們的面積相等嗎？答案肯定是：有可能相等，也可能不相等。但是，我們可以測量一下，檢驗一下我們的意見（答案）是否符合實際。就是說，我們可以在經驗上檢查我們的意見。獲得驗證的意見就是知識。這就是科學。但是，也有這樣的可能。比如，有個人是色盲，他可能說這塊黑板是灰色的。這樣的話，我們也可以檢驗，看到底誰說得對，找出來，到底誰是色盲。好，這一切我們都清楚了。

現在我們討論這樣一個問題：這塊黑板的另外一面是上面顏色？就是我們看不到的那一面。如果讓我們每個人在紙上都寫出自己的意見和看法，那麼我認為，我們的意見肯定會有分歧的。假如我們有可能過去看看，那麼這和剛才的情況一樣，是科學。但是，假如我們沒有可能性過去看，那麼剛才這個問題就是個哲學問題了：即黑板的另一面是什麼顏色。於是，我們只好開始哲學思考了。我可能認為，既然這面是綠色的，那麼另外一面也可能是綠色的。但有人會認為，一般情況下另外一面可能是黑色的。現在我再問一個問題：另外一面黑板上畫的圖形是什麼？假如現在就讓你們去猜測，但不讓你們去看。那麼，你們肯定會有完全不同的意見。很多人會認為，那面可能沒有畫任何圖形。但是，你敢用你的助學金或工資擔保另外一面什麼都沒畫嗎？你絕對相信自己的猜測嗎？所有這些猜測就是你們每個人的哲學。因為你們沒有可能性去驗證自己的意見。這個簡單的例子表明哲學與科學之間的差別。

哲學是愛智慧，我愛智慧，意思就是說，我在討論一個我不清楚的東西，從科學的角度說，這是我無法驗證的東西，只能憑藉我的智慧去猜測。但是，神話和宗教給出的答案，無法滿足我的智慧。這時，我就求助於哲學。當然，科學還在發展，在這個意義上我是個超前的人。所謂的科學在發展，就是我有可能轉到黑板的另一面，看一眼。那麼，我就全清楚了，我可以與你們打賭了。但這已經是科學了。一旦你有可能轉過去看，那麼你就有了科學。我在另外一面畫了點東西，請你們猜，但是假如你們沒有可能去看了之後再猜，而是在沒有辦法看到的情況下去猜，那麼在這個情況下，我就是個科學家，你們（因為無法看到）則是哲學家。如果我再讓你們當中的一部分人看看，我到底畫了什麼，那麼這些人也就變成了和我一樣的科學家了,而那些沒有看到的人,仍然還是哲學家。這樣我就人為地製造一批哲學家,一批科學家。那麼,我們這些科學家們既然掌握了"真理",於是就開始向你們這些哲學家們啟蒙,如同近代那樣。當時,只有很少一部分人"看到了"現實到底是怎麼回事,於是這些少數科學家就給人們(包括哲學家)啟蒙,希望他們也知道。最後,當我把黑板的這一面逐漸地轉向你們時,那麼你們也會逐漸地看到黑板的另外一面到底是怎麼回事,於是你們最終也都成了科學家。近代科學的啟蒙就是這個意思,科學就是這樣發展的,這是科學的貢獻。科學靠知識的積累,不斷地豐富自己。所以,當你們沒有可能看到另外一面黑板時,你們都是哲學家,都在猜測,到底那面是什麼顏色,上面畫的是什麼。經過科學的啟蒙,你們都不是哲學家了,你們都什麼都知道了。近代以來,人類積累了很多知識,最後能夠用自己的知識製造出汽車來,科學為技術進步帶來了巨大的動力,於是人類相信了科學,結果卻忘記了哲學。人們甚至想,科學無所不能,直到20世紀之前大概都是如此。

20世紀中期,準確地說,從60年代起,人類遇到了全球性質的問題。人們驚訝地發現,這樣下去的話,人類最終將毀滅。因為出現了這樣的一些全球性質的問題:人口暴漲,環境污染惡化,資源不夠用了,等等。這些問題,人們以前沒有遇到過,也不知道怎麼解決。如果一直按照原來的方式生活下去,那麼等待人類的將是滅亡。人類理解了,科學的確能夠解決很多問題,為人類提供很多東西,但總是還有更多的東西是科學所不能提供的,還有更多的問題是科學所不能解決的。上帝也幫不上忙,神話也無濟於事。因此,人類只好再回到哲學,求助於哲學。首先是因為人們理解了,這裡發生的事情是早就存在的,只是現在剛被人們所認識,我稱這個現象為"遲到的理解"。就是說,某些現象早就存在,但人們沒有發現它們,當人們發現它們的時候,它們已經成為絕對的現實,甚至成為對人類的威脅。全球化就是這樣的現象,它開始於文藝復興時代,開始於地理大發現時代。但是,只有當人們感覺到有些問題無法解決,感覺到地球上的地方太小,生活變得太擁擠時,人們才明白,他們已經生活在了另外一個新的世界裡,在這裡,科學並不能在所有的問題上為人類提供幫助。人類所遇到的是全球化問題。於是,人們明白了,人的世界也發生了變化。新的人類社會是個統一體,對人而言，這是個新的現象，新的客體。科學不能為下面的問題提供答案：如何在這個世界裡生活？如何在這個世界裡行動？神話與宗教的答案已經不能滿足現代人，因此現代人轉向了哲學。哲學是單個的東西，每個人都有自己的角度，自己的答案。因此，求助於哲學，答案會有所不同。

我再舉個例子。我現在不問這個黑板的另一面是什麼了，因為我們很容易就把它轉過來。現在我問，我們這堵牆的另外一面是什麼顏色？上面畫的是什麼？注意，我們要想像一下，我們不能出這個屋子。這和剛才的黑板的例子不同了，因為我可以把黑板轉過來，讓你們看，自己就可以親自檢驗自己的猜測。現在不同了，我們根本無法親自到那邊去檢驗自己的意見。我們有兩個辦法，或者相信神話，或者相信宗教。科學是沒有辦法的（因為前提是我們不能出這個屋子）。除了這兩個辦法外，就只剩下一個辦法了——哲學。說到哲學，每個人都有自己的世界觀，因此都從自己的世界觀來看這個問題。比如說一個信徒，他肯定從自己宗教的角度（宗教智慧）看這個問題，這種哲學就是宗教性質的哲學。不信宗教的人，他在看待這個問題的時候，可能從科學的角度，那麼這將是無神論的哲學。你可以從馬克思主義哲學的角度看這個問題，也可以從其他類型哲學的角度看這個問題，總之，看待這個問題的立場總是千差萬別的。但重要的是，這是絕對必要的看待問題的角度和方法，否則的話，我們將處在絕對的無知狀態。因此，我們進行猜測，最終是會有結果的。那麼，我們能否以我們的猜測為基礎（就是另外一面牆是什麼顏色以及上面畫的是什麼）而作出非常自信的行動呢？我認為不能。在這個意義上，哲學不是社會行動的指南，不能成為社會運動的基礎。因為這堵牆的另外一面很可能什麼都沒有，可能就是一個山坡，是懸崖，我們的樓房是借助於懸崖而建造的，也許另外一面是一片汪洋大海，也許是別的情況。總之，關於這一點，我們所能做的恰好就是哲學思考。

哲學畢竟還是有益處的，因為它總是依靠科學已經取得的成果。它牢牢地站在這個基礎上，在這個意義上，哲學的結論有時也是無法推翻的。而且，哲學還可以刺激新的認識，它可以提供一種看世界的獨特方法，這可能是科學永遠都猜不到的方法。因為科學不能從隨便猜測的角度看問題，這對科學而言是不光彩的，是愚蠢的。但在哲學裡就沒有這樣的問題，沒有所謂的愚蠢的問題。因為哲學不受任何規則限制，不受任何規律限制，這就是哲學的力量。在古希臘之後，人類從來沒有像今天這樣需要返回到哲學，對哲學有這樣的需求。為什麼呢？因為人類還從來沒有遇到這麼巨大的問題，人類已經喪失了自我，驚慌失措。假如對人類進行限制，讓它只利用科學這個武器，那麼，我們會迷失方向。關於神話與宗教，我們已經說過了，它們可以發揮非常重要的作用，但是，它們已經無法滿足現代人的需求了。甚至那些不喜歡哲學的人，從來沒有想到過哲學的人，他們也只能返回到哲學，求助於哲學，或者不反對別人求助於哲學，此外，他們沒有其他途徑。

還有這樣一些現象，它們促使人們去求助於哲學，這就是全球的危機。這是完全新的現象，它們與全球的世界有關，與整體的世界有關。全球危機是個別國家所無法克服的，科學對全球危機也沒有現成的答案，科學甚至無法回答，全球危機的本質是什麼，它是否會繼續下去，是否會不斷地重複下去。於是，人們又想起了哲學：哲學家們就這個問題是怎麼想的呢？注意，這裡說的不是一般的哲學是怎麼想這個問題，而是具體的哲學家們是如何想這個問題的。當涉及到科學的時候，我們可以說，科學是怎麼看這個問題的，而不是問具體的某個哲學家他是怎麼看的。但涉及到哲學的時候，一定是在問具體的哲學家是怎麼看某個問題的。如前所述，這是科學與哲學的重要差別。

我又發現一個問題，求助於哲學的不僅僅是哲學家們，這也是廣大群眾的意識之所向，比如2003年，聯合國教科文組織通過決定舉辦國際哲學日。這個哲學節日，或者說是哲學活動，在整個世界上逐年擴展，範圍在擴大。今年，世界哲學日的主要活動在俄羅斯，當然在世界其他地區也同時舉行各種慶祝活動。聯合國教科文組織不是哲學組織，而是人文組織，文化組織。當今世界對哲學的興趣大大地增強了，這一點不但可以在世界哲學大會上看到，而且在聯合國教科文組織裡也可以看到。

從哲學產生以後，它就有許多值得討論的問題，比如本體論問題、認識論問題、價值論問題、社會哲學問題、美學和倫理學問題，這些問題始終存在，始終是哲學問題。但是在每個不同的時代，哲學總是解決某個具體的問題，比如說，在古希臘，哲學開始於自然界，哲學的注意力放在自然界，之後，哲學注意的物件是人。在中世紀，哲學關注的是最高的存在，即神。在文藝復興時期，哲學關注的物件是美的問題，人的問題。可以無限地延續下去，因為哲學的問題太多了。總之，我們不去羅列哲學史了，可以直截了當地說，今天，哲學所關注的物件是全球化問題。這並不意味著，其他哲學問題就不現實了，哲學家不再研究其他問題了。如果考察一下世界過過出版的書，分析一下發表的文章主題，那麼我們會發現，絕大多數著作和文章都直接或間接地涉及全球化問題。我把不同時代哲學主題的轉換這個現象稱為"顯示幕效應"。如同在電腦的顯示器上，你可以打開很多視窗，但是你只能在一個視窗上工作。當你在一個視窗工作時，你得關閉其他視窗，它們只好在那裡等待。你可以轉換視窗，打開另外一個視窗，但原來的就得關上。總之，你可以在視窗之間來回切換。哲學的注意力也是如此，我在自己的書裡將其為"顯示幕效應"。就是說，哲學的注意力就向電腦的顯示幕一樣，不斷地轉換視窗，在不同的世紀，在不同的時代，哲學的主題是不同的。我認為，現在哲學的主題是全球化問題。肯定有這樣的人，他們不喜歡全球化主題，這個主題令他們厭煩。對這些人，我可以安慰他們，按照我的這個推理，全球化這個主題也不可能永遠佔據哲學的視窗，會被其他主題取代的，所以，他們不用擔心。當然，還會有許多問題成為哲學關注的中心和焦點，但有一個主題將經常出現，而且總是個主要的問題，最終我們的哲學必須回到這個主題上來，因為不討論這個問題，不理解這個問題，那麼其他問題都是無法理解的，這就是人及其本質是什麼。講到這裡，我想起我的導師弗洛羅夫院士。當我進行博士論文選題時，我對他說，我的副博士論文寫的是環境問題，全球環境問題，現在我想研究全球問題，但總感覺這裡有個更為重要的問題，即人的問題，所以，我的博士論文打算討論人以及由人所引起的全球問題。弗洛羅夫對我說：你先搞清楚全球問題，然後再去研究人的問題。弗洛羅夫院士創立一個人的研究所，他一生都在從事這方面的研究。其實，整個哲學的歷史首先就是對人的問題的研究史。弗洛羅夫已經過世，他所創立的研究所也終止存在，因為沒有能夠解決提出來的問題。甚至我用自己的一生來研究人的問題，估計也無法觸及該問題的實質。這是真正的哲學問題，是永恆的問題。也許我們的後代能夠更進一步接近這個問題。

最後我想通過最近這五次世界哲學大會的情況勾勒一下,哲學是如何轉向這個新話題的,哲學是如何反思這個新世界。我第一次參加世界哲學大會是在1988年,從那時起我參加了後來每五年舉行一次的所有世界哲學大會,總共五次。在這五次世界哲學大會上,全球化的主題是如何變化的呢?

第十八次世界哲學大會於1988年在英國的布拉頓(Brighton)舉行,主題是"對人的哲學理解"。在這裡,世界共同體已經開始為全球問題而擔憂了,但是還沒有直接談及這個話題。我想指出,世界著名的組織——羅馬俱樂部首次提出全球問題,這個組織誕生於1968年,就是說,在不拉頓會議之前20年就成立了。在20年之內,哲學家們竟然還沒有來得及思考全球問題。可見,他們是多麼地保守!下一次世界哲學大會於1993年在莫斯科舉行,這是第十九屆,主題是"世紀之交的哲學"。在這裡已經開始談論全球性問題了,但是,全球化(глоболизация)這個詞當時還沒有出現,只有兩三個分會場討論全球性的問題。1998年,第二十屆世界哲學大會在美國波士頓舉行,主題是"潘迪亞:培育人的哲學"。在這裡,對全球問題的興趣明顯增加，並且首次使用全球化這個術語。羅馬俱樂部成立三十年後，全球化這詞才出現。又過了五年，2003年，第二十一屆世界哲學大會在土耳其首都伊斯坦布爾展開，主題是"面向全球問題的哲學"。就是說，羅馬俱樂部成立35年之後，世界哲學大會才開始直接關注全球問題。最近這次世界哲學大會，2008年在韓國首爾展開的第二十二屆世界哲學大會，主題是"反思當今的哲學"，它沒有直接涉及全球問題或全球化問題，但是，全球問題貫穿大會的始終，其中的一個分會的主題是"哲學與全球政治"，我在這個分會場的全體會議上作了一個報告。

我想強調一個重要的方面，哲學已經義無反顧地、徹底地轉向了全球問題，如我已說過的那樣，現在全球化已經成為哲學的一個重要主題。針對全球問題，除了科學所能提供的答案外，哲學能夠提供什麼答案呢？第一，哲學給出對世界的總體看法，具有價值意義的看法，因此，哲學具有世界觀和價值論的功能。第二，由於哲學能夠提供對世界的一般的、整體的看法，因此它還發揮著方法論的功能，為具體科學提供使諸科學聯合起來的巨大可能性，使得它們有效地合作，進行合作研究。第三，哲學可以提供這樣的可能性，即在動態中，在發展中看待全球化問題，把這類問題從地方、局部層面提升到地區和全球化的層面。於是，歷史的層面和背景就被納入到研究的視野中來，把社會發展看作是個變化的過程，即從部分到整體，從個別到普遍。第四，哲學還發揮文化學功能，它能夠提供新的思維文化，使得人們能夠借助於共同的興趣看到各種不同的文化，讓它們之間相互補充和完善，這就是哲學的文化學功能。第五，哲學總是提出生命的意義問題，死亡和永生的問題，面對全球化問題的威脅，這個問題將獲得新的意義，新的解釋。這是哲學的意義功能，解釋功能。第六，哲學還有一個重要的方法論功能，就是制定基本概念，制定各學科之間交往的共同語言。比如全球化、全球化過程、自然界、文明、社會、進步等等概念。

我在這裡只涉及全球化與哲學的關係問題的幾個方面。哲學史家們可能會按照自己的方式看待全球化過程對哲學的影響。至於從事認識論和本體論研究的人，他們也會有自己對哲學在全球化過程中的作用和角色問題的看法。只有一點是毫無疑問的：面對全球化挑戰的哲學，這在今天是個非常現實的問題。

www.ingramcontent.com/pod-product-compliance
Lightning Source LLC
Chambersburg PA
CBHW060340170426
43202CB00014B/2827